高等职业教育新形态精品教材

餐饮空间设计与项目实战

CATERING SPACE DESIGN AND PROJECT PRACTICE

主　编　张红琼　周俊华
副主编　李稼祎　王珩珂　胡煜超
　　　　叶颖娟　夏　燕　赵海河

北京理工大学出版社
BEIJING INSTITUTE OF TECHNOLOGY PRESS

内 容 提 要

本书是针对餐饮空间室内设计这一职业典型工作任务开发的模块化项目式教材。本书分为理论基础篇与项目实战篇2个篇章，理论基础篇包括认识餐饮空间、餐饮空间设计程序及方法；项目实战篇由5个实践项目构成，分别是快餐厅室内设计、中餐厅室内设计、西餐厅室内设计、酒吧室内设计、主题餐饮空间室内设计，每个项目均来自企业或改编自全国职业技能竞赛题目，每个项目自成体系且由浅入深，学习过程即实际项目的工作过程。本书不仅强调理论知识，还强调培养学生的岗位技能。每个项目均配有拓展学习和大量数字资源，最后配有章节测验，以帮助学生深化每个项目的学习，拓展对餐饮空间设计的实际应用能力。

本书可作为高等院校建筑室内设计、环境艺术设计等专业的教材，也可作为相关行业工作人员的参考用书。

图书在版编目（CIP）数据

餐饮空间设计与项目实战 / 张红琼，周俊华主编
.--北京：北京理工大学出版社，2024.4（2025.1重印）
ISBN 978-7-5763-3950-5

Ⅰ.①餐… Ⅱ.①张… ②周… Ⅲ.①饮食业－服务
建筑－室内装饰设计－教材 Ⅳ.①TU247.3

中国国家版本馆CIP数据核字（2024）第092316号

责任编辑：王梦春　　　　　文案编辑：杜 枝
责任校对：周瑞红　　　　　责任印制：王美丽

出版发行 / 北京理工大学出版社有限责任公司
社　　址 / 北京市丰台区四合庄路6号
邮　　编 / 100070
电　　话 / （010）68914026（教材售后服务热线）
　　　　　　　（010）63726648（课件资源服务热线）
网　　址 / http：//www.bitpress.com.cn
版 印 次 / 2025年1月第1版第2次印刷
印　　刷 / 河北鑫彩博图印刷有限公司
开　　本 / 889 mm×1194 mm　1/16
印　　张 / 10
字　　数 / 279千字
定　　价 / 59.00元

图书出现印装质量问题，请拨打售后服务热线，负责调换

前言 PREFACE ·· ◎

　　本书全面贯彻党的二十大精神，以习近平新时代中国特色社会主义思想为指导，以社会主义核心价值观为引领，传承中华优秀传统文化，坚定文化自信，使本书内容更契合时代主题。国家提出以文塑旅、以旅彰文的发展方针，餐厅作为旅游经济中的重要业态，以其独特的服务属性及与文化结合的特殊性受到了更多的关注与重视，伴随着人们逐渐提升的精神文化需求，餐饮空间设计也被赋予了更高的期待。加之数字技术的发展与应用，融合智能化与沉浸式体验的餐厅设计受到青睐，从审美、互动、体验三方面建立多层次感知就餐体验，使空间艺术设计活动在形式和风格上有更多新的可能也成为餐饮空间设计的主要发展趋势。

　　鉴于以上，立足最新发展阶段、贯彻新职教理念，落实教育部颁布的《职业院校教材管理办法》和基于典型工作任务的模块化、项目制教材等指导意见，编者依据国内室内设计行业发展对相关专业人才的需求，结合餐饮空间设计课程现状，在市场调研和专家论证的基础上，组建校企联合编写团队，在行业专家指导下完成本书的编写。在编写初期，为了使本书内容既具有一定的理论深度，又能贴近生活场景体验、浅显易懂，编写团队深入企业施工一线参观学习，与行业设计师一起研讨教材内容。

　　本书采用项目引入、任务驱动的方式，以实际项目案例或职业技能竞赛赛题为具体实施任务，模拟项目实施情境，依此设计具体实施内容。每个项目都能自成体系，项目设计由浅入深、循序渐进，帮助学生了解行业规范和掌握项目工作要点。学生完成任务后，可以通过拓展知识深化所学内容。

　　本课程教学设计如下：

　　1. 课程基本信息

课程名称：公共空间室内设计 1（餐饮空间设计）	
使用专业：环境艺术设计、建筑室内设计、室内艺术设计	建议学时：64 学时
授课时间：二年级第二学期	授课对象：三年制高职学生
课程性质：基于项目实际工作过程开发学习内容，是相关专业的专业核心课	
前导课程：居住空间室内设计	后续课程：公共空间室内设计 2（商业店面与橱窗设计）
在线课程资源：https://www.xueyinonline.com/detail/239426935	

2. 课程定位

"公共空间室内设计1（餐饮空间设计）"是环境艺术设计、建筑室内设计、室内艺术设计专业的专业核心课程，其在所有专业课程中的位置如图1所示。在掌握了"家装设计"技能之后，本课程将带领学生深入了解"公装设计"并体验实际工作情境，通过基于项目实际工作过程的方式完成多个餐饮空间设计项目。通过学习本课程，其一能对学生的专业基础技能进行巩固提高，其二为后期专业核心课程奠定知识、能力基础，在整个课程体系中具有重要的承前启后作用。

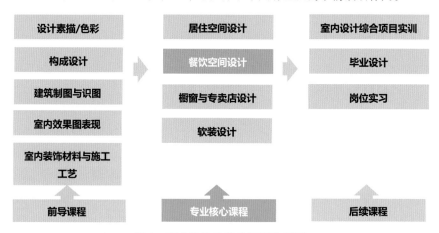

图1　室内设计类专业课程体系图

3. 典型工作任务描述

市场上的公共空间设计项目一般是由设计师按照项目工程要求，进行现场勘查，制订设计方案，开始施工，控制成本并在施工过程中进行质量检查，最后在规定的工期内完成符合国家有关质量验收标准的施工任务。本书对应室内设计师职业岗位技能，实践教学主要内容即岗位工作内容，实训项目即企业项目和职业技能竞赛赛题，每个实训项目包括前期草案设计、方案图、效果图、施工图等室内设计岗位工作内容与相关技能训练。评价标准对接行业规范和标准、企业用人要求，以提升学生的就业竞争力。满足产教协同育人目标，引领专业建设和教学改革。

4. 课程学习目标

坚持以就业为导向，培养应用型技术人才。培养目标定位在通过学习餐饮空间设计的基本理论与项目实践，了解餐饮空间室内设计的基本概念，学习设计的方式方法和项目流程，提升解决实际项目问题的能力和专业素养。

（1）掌握餐饮空间室内设计基础理论，理解和掌握室内设计程序。

（2）提升实际项目设计能力、设计创意表现能力、计算机规范制图能力。

（3）培养独立思考能力、团队合作能力，创新精神、敬业精神及探索精神。

5. 教材特点及使用说明

本书是针对餐饮室内工程项目开发的项目制教材。全书分为两个篇章，即理论基础篇和项目实战篇。

（1）理论基础篇和每个项目的"知识导入"与"知识准备"，是学生在正式进行餐饮空间室内设计项目之前需要掌握的理论知识，每个项目对应不同的理论知识，并随着项目难度增加逐步深入，编写过程中还结合每个项目的特点对相关内容进行重点阐述，以职业技能点的拓展性学习与实践为目的设计"知识拓展"等数字资源。其中，"引导问题"起承上启下的作用，一方面引导学生主动思考问题；另一方面通过思考获取答案进而引出将要学习的内容。

（2）项目实战篇由5个实践项目构成。5个项目涉及5种代表性餐饮空间类型，由易到难、循序渐进。每个实践项目下设置的教学内容顺序一致，教师可以根据实际教学需要自行调整前后顺序，也可以在日后选择其他更多的餐厅项目来更替教学内容。项目最后附《实训任务书》供实际教学参考使用，以引导开展基于岗位工作任务的教学。每个项目最后都附有综合评价指标，便于师生回顾整个学习与实践的过程，也为教师提供教学评价的参考。教学过程如图2所示。

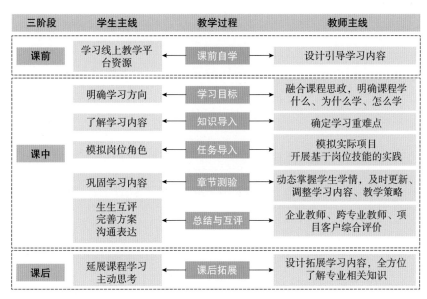

图2　教学过程

6. 学时建议

本书的建议学时为64学时，建议教师采用"做中学、做中教"的教学模式，各项目的建议学时见学时分配表（表1）。

表1　学时分配表

序号	教学内容	内容详情	建议学时
理论基础篇（6学时）			
1	认识餐饮空间	了解餐饮空间类型、设计理念与原则、设计趋势	2
2	餐饮空间设计程序及方法	了解一般餐饮空间项目流程及具体工作内容和开展工作的方法	4
项目实战篇（58学时）			
1	快餐厅室内设计	依据项目资料和图纸，结合所掌握的相关理论知识，进行实际项目设计	12
2	中餐厅室内设计		12
3	西餐厅室内设计		10
4	酒吧室内设计		10
5	主题餐饮空间室内设计		14

本书由重庆建筑科技职业学院张红琼、周俊华任主编；重庆城市科技学院李稼祎，四川音乐学院王珩珂，重庆建筑科技职业学院胡煜超、叶颖娟，重庆电子科技职业大学夏燕，中国建筑西南设计研究院有限公司赵海河任副主编。

本书是编者在多年教学实践中积累的成果，在遵循教学大纲的前提下，随着近三年教学内容的扩充和改革，试图形成较为完善的教学体系。本书编写过程中参阅了大量著作刊物、网站，在此对这些作品和文献的作者表示感谢，对所引用作品、文献未能详尽标注作者和出处的著作权人深表歉意。同时，本书编写还得到许多同事、朋友和优秀毕业生的支持，他们提供了有价值的资料，在此深表谢意。

　　由于本书编写团队学识有限、经验不足，书中难免存在疏漏和不妥之处，敬请广大读者提出宝贵意见，以便日后修订完善。

编　者

数字资源清单 DIGITAL RESOURCES LIST ···················· ◎

类别	序号	资源名称	所在章节	所在页码
案例拓展	1	德国 IF 设计奖室内设计类金奖作品	理论基础一 认识餐饮空间	016
	2	餐饮品牌策划全案	理论基础二 餐饮空间设计程序及方法	028
	3	餐饮空间施工图案例		033
	4	方案汇报及展示文本案例		034
	5	快餐厅设计案例	项目一 快餐厅室内设计	042
	6	快餐厅设计案例合集		052
	7	手绘快题		053
	8	中餐厅案例	项目二 中餐厅室内设计	060
	9	中式餐厅室内景观案例图		071
	10	中式家具赏析		076
	11	中餐厅家具物料书		079
	12	主题中餐厅软装汇总清单		080
	13	西餐厅界面设计案例	项目三 西餐厅室内设计	086
	14	门头设计案例		100
	15	全套西餐厅案例		101
	16	全国院校室内设计技能大赛获奖作品		102
	17	酒吧空间设计案例	项目四 酒吧室内设计	109
	18	酒吧空间氛围营造		110
	19	酒吧室内设计案例		126
	20	其他饮品店设计案例		126
	21	主题餐饮空间案例	项目五 主题餐饮空间室内设计	134
	22	设计案例		136
	23	餐饮空间 VI 设计案例		143
	24	主题餐饮空间案例		143
	25	茶馆室内设计案例		144
	26	主题餐饮空间设计文本参考		146
知识巩固	1	单元测验	理论基础一 认识餐饮空间	022
	2	单元测验	理论基础二 餐饮空间设计程序及方法	036
	3	单元测验	项目一 快餐厅室内设计	055
	4	单元测验	项目二 中餐厅室内设计	081
	5	单元测验	项目三 西餐厅室内设计	106
	6	单元测验	项目四 酒吧室内设计	130
	7	单元测验	项目五 主题餐饮空间室内设计	148

目录 CONTENTS ·····················○

理论基础篇

理论基础一 ┃ 认识餐饮空间

学习目标

知识目标

了解餐饮空间设计的概念；了解我国餐饮业发展及趋势；了解餐饮空间构成及分类。

能力目标

能够辨析各类餐饮空间；能够客观分析餐饮空间设计；能够全面认识餐饮空间设计及概念范畴。

素质目标

培养设计创新意识；培养自主探究学习的能力；培养系统分析问题的能力。

知识导入

早在 1765 年的法国，一家餐馆的经营者创新了一道菜叫作"Le Restaurant Divin"，意思是可以恢复元气的一种汤，得到了广大消费者的青睐，赢得了市场，后来人们就把"Restaurant"称为餐厅。所以，餐厅最初的定义就是"可以供人们恢复精神的餐食场所"。而餐饮企业则是凭借特定的场所和设施，为顾客提供食品、饮料和服务，并以营利为目的的企业。在中国常说"民以食为天"；中国古代贤哲告子也曾说过"食色，性也"，将"进食"看成是人类的本性之一。饮食在人们日常生活中占据着不可取代的重要位置，随着餐饮业的兴起，餐饮空间已成为现代社会环境中不可缺少的组成要素，是现代人生活、娱乐休闲及体验活动必不可少的空间。如何让人们在良好的就餐环境中充分地享受美食？这是值得设计师深入探究的课题。

引导问题 1：通过前期课程学习，描述你理解的餐饮空间，从设计内容来看与居住空间有什么不同？

引导问题 2：结合自己的就餐体验，简要描述让你印象深刻的餐饮空间并分析原因。

知识点一　餐饮空间概述

一、餐饮空间基本概念

　　餐饮空间是指食品生产经营业通过即时加工制作、展示销售等手段，向消费者提供食品和服务的消费场所，同时也是用于满足顾客的饮食需要、社交需求及心理需求的环境场所。

　　从餐饮服务范围的视角，大致涵盖了正餐服务、快餐服务、饮品服务及其他服务等。每类服务在服务方式、经营内容、目标客源等方面均存在差异，因而相应的空间要求也有着较大的区别，所以，为了满足这种需求上的差异，在物质空间的选择上无论是空间面积、组合方式，还是设计与装饰，都有着较大的不同，有时候因为经营的需求，餐饮空间的规划也不只拘泥于室内。目前，我国餐业业发展到今日，已经不再局限于为消费者提供食物以满足温饱，更多时候餐饮已经成为人们日常生活中的重要一环，而餐饮空间除满足大众享用餐点和享受服务这一基本职能外，还同时满足为顾客提供沟通、交流、放松、减压等空间的功能。因此，现如今的餐饮空间大多具有一定的休闲放松性质，是综合性极强的空间（图 1-1-1、图 1-1-2）。

图 1-1-1　与自然环境融合的休闲茶馆

图 1-1-2　以"剧会"交流为主题的西餐厅

二、餐饮空间构成

　　餐饮空间构成框架图如图 1-1-3 所示。

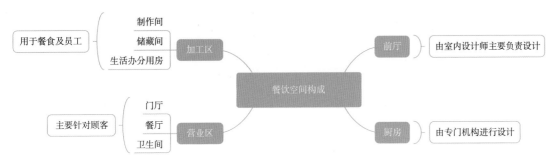
图 1-1-3　餐饮空间构成框架图

知识点二 餐饮空间类型

一、按照经营内容

餐饮空间的经营内容非常广泛，涉及不同的民族、地域、文化，同时由于人们的饮食习惯各不相同，餐饮空间的经营内容也各不相同。但为了便于讨论，从我国目前众多的经营内容中，可将餐饮空间归纳为中餐厅、西餐厅、宴会厅、快餐厅、风味餐厅、酒吧与咖啡厅、茶室、自助餐厅、火锅烧烤餐厅及食堂等类型（图 1-1-4 至图 1-1-9）。

图 1-1-4　中餐厅

图 1-1-5　乌克兰露台西餐厅

图 1-1-6　大型酒店宴会厅

图 1-1-7　经营汤包的小型快餐厅

图 1-1-8　融入本土民风民俗元素的风味餐厅

图 1-1-9　重庆本土老火锅餐饮店

二、按照经营性质

餐饮空间的经营性质是指该空间为营业性还是非营业性的。营业性餐饮空间一般要求较高标准的装修及专项设计；而非营业性的则只需进行简单装修，以实用为原则，一般与建筑设计一次完成。

（1）营业性餐饮空间。营业性餐饮空间包括各式餐厅和酒廊、茶室等，其顾客性质和营业时间不固定，供应方式多为服务员送餐到位和自助方式（图1-1-10）。

（2）非营业性餐饮空间。非营业性餐饮空间包括机关、厂矿、商业、学校等设置的供员工、学生集体就餐的各类食堂，其就餐人数和就餐时间相对固定，供应方式多为自购或自取，服务员较少（图1-1-11、图1-1-12）。

图 1-1-10　越南工业风格咖啡馆

图 1-1-11　深圳湾一号员工食堂　　　　图 1-1-12　重庆大学学生食堂

三、按照空间规模

从几十平方米的小型餐馆，到几百甚至上千平方米的大型餐厅和宴会厅，餐饮空间规模变化很大。但无论是小型餐厅还是大型餐厅，均有其特定的顾客群体，同时空间的规模大小也影响着餐饮空间的室内设计。

（1）小型餐厅：是指100平方米以内的餐饮空间。这类空间功能比较简单，主要着重室内气氛的营造（图1-1-13）。

（2）中型餐厅：是指100～500平方米的餐饮空间。这类空间功能比较复杂，除加强环境气氛的营造，还要进行功能分区、流线组织及一定程度的空间围合处理。整个空间需要结合顾客群体的特征及经营内容进行合理的面积划分，以使空间利用率最大化（图1-1-14）。

图 1-1-13   现代简约风格小吃店

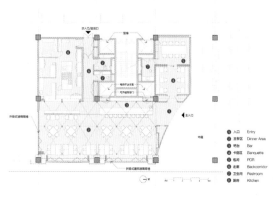

图 1-1-14   酒吧餐厅

（3）大型餐厅：是指 500 平方米以上的餐饮空间。这类空间功能复杂，特别注重功能分区和流线组织。由于经营管理的需要，这类空间一般还需要设计可以灵活分隔的隔扇、屏风、折叠门等，以提高空间的灵活性及使用率（图 1-1-15）。

图 1-1-15   大型餐厅

四、按照布置类型

餐饮空间设计布置类型是指该空间为独立式还是附属式的。其一般包括以下几类：

（1）独立式的单层空间：一般小型餐厅、茶室等常采用这种类型（图 1-1-16）。

（2）独立式的多层空间：一般中型餐厅多采用这种类型，也可为大型的食府或美食城等（图 1-1-17、图 1-1-18）。

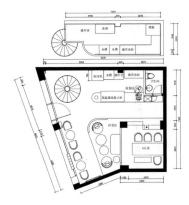

图 1-1-16　小型甜品店

图 1-1-17　由废弃工厂改造的咖啡馆

图 1-1-18　大型食府

（3）附属于多层或高层建筑：大多数的办公餐厅或食堂属于这种类型（图 1-1-19）。

图 1-1-19　清华大学南区食堂

（4）附属于高层建筑的裙房：部分宾馆、综合楼的餐饮部或餐厅、宴会厅等大中型餐饮空间属于此类（图 1-1-20）。

图 1-1-20　大型酒店宴会厅

五、按照国家和地区

餐饮空间按国家和地区可分为中餐厅、西餐厅、日本餐厅、韩国餐厅及东南亚餐厅等（图 1-1-21 至图 1-1-23）。

图 1-1-21　上海某西餐厅

图 1-1-22　刺身创作料理餐厅

图 1-1-23　泰国美食餐厅

六、按照饮食文化或菜系

　　餐饮空间按照饮食文化或菜系来分名称各有不同，部分直接以菜系或地域命名，如东北餐厅、川菜馆、浙江风味餐厅、彝族风味餐厅、湘菜馆、新疆风味餐厅、粤菜馆等（图 1-1-24、图 1-1-25）。

图 1-1-24　新疆风味餐厅

图 1-1-25　江西抚州风味餐厅

餐饮空间类型

知识点三　餐饮空间设计理念与原则

一、餐饮空间设计理念

　　首先，餐饮空间的规划方向与其他室内设计（住宅及其他商业空间）的不同在于餐饮空间属于第三空间，也就是在住宅及工作空间外的区域，餐饮空间除提供食物等商业规划考虑外，还必须做到生活空间应有的情境体验及情感交流。一个良好且舒适的餐饮环境，能够促进消费，给商家带来更大的利润。

其次，餐饮空间设计需要通过设计师对空间进行严密的计划、合理的安排，在为商家和消费者提供一个产品交换平台的同时，也给人们带来方便和精神享受。理想的餐饮空间设计是通过拓展理念并以一定的物质手段与场所建立起"和谐"的关系（即与自然的和谐、与环境的和谐、与场地的和谐、与人的和谐），并通过多元的视觉传达方式表现这种契合关系。就是用设计艺术的手段来优化、完善就餐空间，因此，餐饮空间的设计除考虑物质形态方面（如构成餐饮空间的物质要素）外，还应考虑意识形态方面，具体指影响、引导人们行为的精神因素，如宗教信仰、民俗习惯、审美观念、社会制度、伦理道德等。

二、餐饮空间设计原则

餐饮空间设计的原则重在空间的安排、设计与规划，设计人员需要研究和感受餐饮空间设计的具体功能需求，需要掌握餐饮空间布局的实际，明确交通流线的安排。餐饮空间设计原则大体分为功能的、交通的和需求方面的。学习和掌握空间设计原则有利于各类餐饮空间设计的总体规划安排及设计。

（1）以市场为导向。餐饮空间的设计定位最终是以目标市场为依据的，归根结底要以顾客的需求为依托，体现在设计上则要把握目标顾客的需求，遵循人的消费心理、审美要求及餐饮行为的特点，做到设计为人服务。餐饮空间设计的市场定位包括餐厅经营的菜系和特色、规模等级、服务对象和范围等，不同的市场定位的餐厅在形式上应有所不同，不同餐饮空间的类型是不同餐饮目的和行为的直接反映。

> **知识拓展**
>
> ### 餐饮行为
>
> （1）快速型就餐行为：如肯德基等快餐厅，这种餐饮空间设计要求简洁明快，注重空间材质与色彩的对比，在视觉与味觉的双重冲击下，达到快速的消费。
>
> （2）温饱型就餐行为：泛指一般餐饮场所。这种餐饮空间设计要求达到就餐使用空间的合理分配需求，重点在各种功能空间尺寸的运用是否合理有效，注重整体的协调性。
>
> （3）舒适型就餐行为：这种就餐行为是将饮食文化作为生活的一种休闲方式，重点在于设计个性的表达与文化品格的诉求，是独特的色彩、陈设、空间形体和风格的综合演绎。
>
> （4）保健型就餐行为：在空间设计中引入了绿色设计的理念，营造室内的自然景观效果，是环保和生态概念的体现。

（2）突出独特个性需求。餐饮空间设计的特色与个性化是餐饮空间设计取胜的重要因素。缺乏主题理念，易使餐厅的设计显得较为平淡。餐厅的经营秘诀在于常变常新，与时俱进，这一方面体现在菜肴口味的更新上；另一方面也体现在餐厅室内设计的灵活调整上。因此，在设计餐厅时应注重灵活性。根据经常性、定期性、季节性及与菜肴产品更新的同步性、适应性原则，通过对餐厅环境（如店面、室内布局、色彩、陈设、装饰材料等）做合适的调整，达到常变常新的效果。

艺术的魅力不是千篇一律，餐厅文化也需要打造与众不同的文化。人们总是希望在不同的场所感受不同的文化氛围，所以，餐厅空间的个性文化尤其重要。餐饮类空间对于品牌与文化内涵的体现重要程度比较高，在设计风格上可吸收民族的、地域性的或某一类型主题，并使之成为卖点（图1-1-26）。可从地域环境、自然条件、生活方式、人文景观及本土材料上考虑，为顾客提供一个别具一格的用餐场所享受饮食文化，感受更深层的文化韵味（图1-1-27）。

图1-1-26 将中国古建筑元素融入空间设计　　　图1-1-27 突出广东地域文化特色的
茶餐厅

（3）多维设计原则。设想一下，人们如果在一个未经过任何处理，只摆放了餐桌的大厅里就餐，必然会感觉单调乏味。如果将这个单一空间重新组织，用一些实体来围合或分隔，将其划分为若干个形态各异、相互流通、互相渗透的空间，并且辅助不同的材料以营造空间整体的氛围，如西班牙巴塞罗那Enigma餐厅（图1-1-28），旨在打造一个"非凡而神秘"的餐厅，将设计理念表达于水彩之中，并且通过烧结石材成为现实，Enigma的迷人而非凡的室内空间逐渐成形。随着物质水平的提升，精神需求逐步扩大，人们普遍都喜欢有趣味、耐看的具有多元变化的空间形态，而厌倦单一的空间形态。因此，餐饮空间设计的第一步是设计或划分出多种形态的餐饮空间并加以巧妙组合，使其大中有小、小中见大、层次丰富、相互交融，使人置身其中感到有趣且舒适（图1-1-29）。

图1-1-28 独特的设计理念融合特殊材料及灯光营造个性的空间氛围

图1-1-29 以"圆"划分空间，丰富空间层次，突出空间趣味性

（4）功能布局合理，满足实用功能的要求。功能性原则是一切室内设计的基础，餐饮空间设计的功能划分需要建立理性的思维。在设计之前，首先根据市场定位，以及各功能空间在整个餐饮空间中所占的面积比例做出理性的规划布局。功能分区的规划既要满足顾客的行为需求，还要保障餐饮管理方各个部分及环节工作的顺利进行（如入货、传菜、上菜）以避免交叉冲突作业。餐饮空间的规划必须考虑工作人员的使用功能及便利性，让他们能够为就餐的顾客提供最好的服务。只有科学合理地规划空间各部分功能及面积，才能使整个餐厅有序运营（图1-1-30）。餐饮空间的设计对空间功能有着明确特定的需要，这也决定了它与其他室内空间设计有所不同。基于此，餐饮空间的规划首先应考虑实用功能，其次是整体氛围营造。

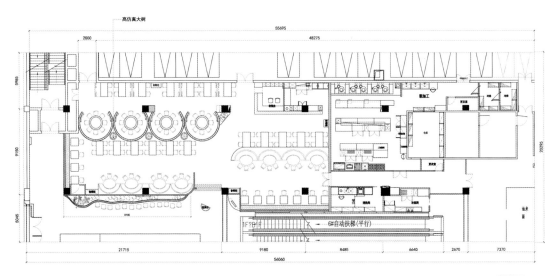

图1-1-30 某餐饮空间平面规划

（5）满足精神需求。随着经济的发展，社会文化水平的提升，人们对餐饮消费的文化性的关注也越来越高。人们对餐饮空间精神方面的要求是随着社会的发展而发展的，顾客的心理活动千变万化，难以把握，个性化、多样化的消费潮流使餐厅空间融入了浓厚的文化品位和个性。餐饮业的发展是否成功，其竞争的焦点是把握顾客的心理活动，提高餐厅空间的精神功能是餐饮业发展的灵魂，因此要用文化品位去打动消费者的心。而餐饮业的发展趋势也使餐饮空间的文化内涵不断提升，通过文化氛围营造与文化附加值的追加而吸引更多的顾客。因此，无论是建筑外观、室内空间设计、色彩设计、照明设计，还是陈设设计等，都应充分展现出独特的文化氛围，帮助餐饮企业树立品牌形象。例如位于杭州的一家咖啡厅，其内部所有的元素都为咖啡、西餐与车，致力打造一家独有的"摩登咖啡加油站"（图1-1-31），其内部所有的细节都串联了空间与车，强化了咖啡与车的互动，成为该餐饮空间独有的设计元素符号（图1-1-32）。就餐氛围是服务消费者与企业之间交流的媒介，营造轻松、快乐、富有情趣的就餐氛围是餐饮类空间设计的核心之一（图1-1-33）。就餐氛围的营造要结合空间的主题和客人的心理，例如，中式餐厅多是团体用餐，参与人员较多，可以从较高的照度、开敞的空间等角度营造隆重、喜庆的氛围；西餐厅一般是单人或双人餐，可以设计封闭或半开敞空间，让顾客有相对隐私的空间。

图 1-1-31　咖啡与复古车的文化碰撞

图 1-1-32　空间内部装饰细节

图 1-1-33　通过光效与图像建立个性餐饮形象

（6）满足技术要求。材料是表达设计想法和概念的重要手段及媒介，一个好的餐饮空间设计，需要结合不同材料的使用和加工技术，才能更完美地创造出不同风格的餐饮文化空间。餐饮空间的技术功能要求还包括对物理环境（如声、光、采暖）的要求（图 1-1-34）。

（7）室内空间尺度合理。客座数量往往直接影响到餐饮企业的经营成本和经济效率，在单位面积内追求最大的客座数量是餐饮类空间设计的基本原则，但必须有合理的尺度以增加顾客的舒适度和提高工作人员的效率。例如，用餐区两把椅子之间的过道宽度至少要有 0.46 米，每个餐桌旁边应留 1.2 米净宽的通道以便收餐，餐车通过的过道宽度至少需要 1.5 米，成人就餐所需的基本面积为 1.1 平方米等（图 1-1-35、图 1-1-36）。

图 1-1-34　不同材料在空间中的运用

图 1-1-35　中餐厅室内过道设计

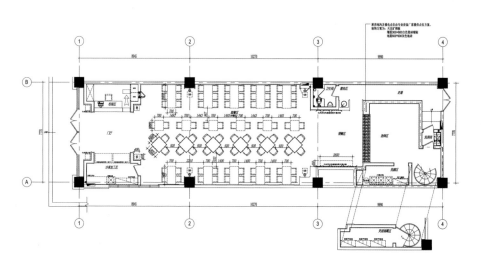

图 1-1-36　中餐厅平面布置

（8）满足受众的需求。评判设计作品成功与否的标准包括空间环境是否优美、功能是否合理及客户是否满意。成功的餐饮空间设计作品既要有设计创意和概念，还需要符合餐饮品牌的定位，在有效控制成本的同时满足市场需求并能够迎合消费者的喜好。餐饮业属于消费性行业，企业的营利和客户的经济效益是餐饮空间设计时需要调查及考察的重要问题。客户针对的消费对象是设计作品的主要评判者，针对不同的消费群体设计也应有所不同，而设计师需要做的就是考察消费对象、预期的人均消费额、毛利、单位产量等因素，做适合消费群体的设计。因此，餐饮空间设计首先应根据市场定位，在以顾客为导向的前提下进行。

（9）满足适应性原则。餐饮空间的设计还应注意与当地的环境相适应。设计时，必须适应餐厅所在地的环境条件，不考虑土地、环境等因素，尤其是周边居民的生活情况，就无法使餐厅经营有更长远的发展。周边环境是餐饮空间设计的基本限制因素，要做到对环境了如指掌，并给予恰当的配合设计。

除关注室外环境等因素外，餐饮空间设计的适应性还体现在室内的装饰上。良好的文化和创意空间，如果很长时间没有更新就会让人觉得枯燥乏味，如可以通过陈列饰品的变化来适应人们的视觉关注点（图1-1-37）。随着季节的变化可以不断推出新的植物，还可以利用节日举行促销活动，来丰富餐饮空间的主题内容及文化性。

图1-1-37　中式食府室内装饰设计

（10）餐饮空间各项功能协调方便。在布局上，餐饮空间需要考虑服务方式、顾客数量、所需设备及建筑结构特点。厨房与餐厅面积配比恰当，操作区内的热菜、冷菜、面点厨房和加工间、操作间、洗碗间协调，设置用餐区面积要预先考虑好传菜设备和顾客等位所占的空间。应考虑到顾客进出、餐厅点菜、传菜上菜、为顾客取酒水和收餐的操作方便；考虑到厨房原料进出、原料加工、洗菜择菜、烹调上菜等各道工序之间的衔接和协调，并尽量缩短各道工序与前后工序之间的行走距离，以提高效率，要避免顾客就餐路线和工作人员传菜及服务路线相交叉。

（11）设计要注重家具的选择。餐饮空间家具主要以餐桌椅、沙发、接待柜台、餐厅吧台、收款台等为主，首先，其选择主要是根据餐厅性质、食品风味、经营方式、接待对象等来确定。如散座、零点餐厅的餐台要2人台、4人台、6人台、8～10人台等综合配套，包房餐厅则以10人台以上餐台为主（图1-1-38），而不同风格的餐厅随着用餐习惯的不同，餐桌陈列及设计也会有所不同，如图1-1-39所示的日料餐厅，其家具即是依据用餐习惯进行设计。其次，家具的造型和色彩要与整体装饰风格协调一致，在功能上要讲

图1-1-38　空间中不同类型的餐座布置

究舒适实用（图 1-1-40）。

图 1-1-39　日料餐厅

图 1-1-40　中式风格餐厅

（12）符合形式美规律，满足美学需求。餐饮空间是商业与艺术的并重，是创意与功能的结合。在满足市场定位和使用者功能需要的前提下，运用形式语言来表现题材、主题、情感和意境，并采用创造性的设计手法和设计语言，使空间的艺术处理符合形式美规律。

形式美规律是客观现实世界存在与人的美感满足相统一的结果。艺术形象的塑造、视觉因素的组合，越是与人对周围环境视觉习惯概念、经验感受相一致，越是符合人的审美意识，越能激起人们的直觉产生审美共鸣。这些规律的形式是人们通过较长时间的实践、反复总结和认识得来的，也是公认的、客观的美的法则，如统一与变化、对比与调和、对称与均衡、比例与尺度、节奏与韵律等。设计师在室内设计中应当善于运用这些形式美的原理，更好地呈现出设计意图和艺术构思（图 1-1-41）。

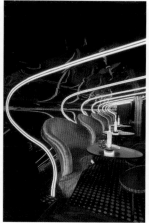

图 1-1-41　空间中曲线的"形式美"呈现

知识点四　餐饮空间设计趋势

一、功能复合化

　　随着餐饮业的不断发展，餐饮空间已经发生巨大变化，饮食、娱乐、交流、休闲多种功能的交融已经成为餐饮业发展的大方向。在这样的情况下，餐饮空间从满足人们的口腹之欲的场所转化成为多元化、复合性的功能空间，这种转变正好迎合了人们多元化的喜好，追求新颖、方便舒适。如农家乐一类的特色餐饮，除就餐外还可以提供多种休闲娱乐活动。另外，重庆一些农家山庄、均是集餐饮、垂钓、采摘、娱乐休闲于一体，还特别设有儿童娱乐休闲区，可以满足不同就餐顾客的需求，能让人待上整整一天（图1-1-42），再如，随着人们消费娱乐喜好与需求的多元化，出现了很多艺术休闲空间，将艺术展览、休闲娱乐、就餐、品茶、住宿、棋牌等融于一体，打造别具一格的人文艺术休闲空间（图1-1-43）。

图1-1-42　重庆某庭院山庄

图1-1-43　现代艺术休闲空间

二、突出主题特色

　　消费者可以在主题餐厅体验期待中的主题情境，或借助场景重温某段历史，体验某种陌生的文化或异国的情调（图1-1-44）。主题餐厅的形式表现包括以历史文化为主题、以地域民风民俗为主题、以田园农舍为主题、以寻求怀旧为主题和以保健元素为主题等。主题餐厅针对的是特定的消费群，不仅提供饮食，还提供以某种特色文化为主题的服务。餐厅在环境设计上围绕这个主题进行空间与装饰设计，食品等也与之相匹配，营造出具有主题理念的餐饮氛围，让顾客在进餐过程中找到全新的感觉。如农家乐、私房菜、素食等特色专类的餐饮空间设计，多结合地域性的文化风俗习惯及具有民俗风情特点的装饰风格进行综合设计，强化了整体空间主题性的同时，也使就餐者能够身临其境（图 1-1-45）。

图 1-1-44　融合音乐元素的餐饮俱乐部

图 1-1-45　空间装饰凸显地域文化与习俗的烧烤餐厅

三、关注文化设计

　　传统的餐厅在装饰设计上注重室内的豪华和卫生。随着生活的进步，文化元素的表达已成为室内装饰设计中重要的表现手法。餐厅的品位和档次不仅体现在菜式及价位上，也体现在整体空间环境上，"吃环境"将是餐饮业未来发展的趋势之一。由于各种餐饮空间设计定位的不同，餐饮空间室内装饰设计呈现出不同的文化氛围和特点，这成为表现及凸显餐饮空间特色的重要方法。将中国经典的文化符号应用于室内空间装饰设计，将会强化餐饮空间的文化氛围，同时也充分展示我国传统文化的独特魅力（图 1-1-46）。围绕食材与食客，通过设计打造一种有趣的"文化"互动，比纯平面化的视觉空间更具有记忆点，而就餐体验则在未来是餐饮品牌更具核心的价值。

图 1-1-46　将江南水乡文化浸润室内空间设计

四、设计形式多元化

在数字信息技术迅猛发展的今天，为迎合市场及消费者的需求，除在经营特色上推陈出新外，还应在空间环境设计中强调餐饮空间的科技感，结合主题内容突出餐饮氛围的感染性，如利用现代全息投影技术营造科技感十足的空间氛围，或舒适温馨或动感有节奏等。未来进入餐厅就餐的客人将能够与餐饮空间中的设计（如材料、陈设、家具设施乃至局部空间等）产生互动，并可以融入整个空间，致使餐厅设计整体更加人性化且多元化（图 1-1-47）。

设计形式的多元化还表现在空间功能方面，为了与空间功能相匹配和适应，各类餐厅的空间形态也呈日益多元化趋势发展，在中、大型餐饮空间中，常以开敞空间、流动空间、模糊空间等为基本构成单元，结合上升、下降、交错、穿插等方式对其进行空间组织变化，将其划分为若干个形态各异、互相连通的功能空间，这样的组织方式可以使空间层次分明、富有变化，让人置身其中，能充分体会空间变化的乐趣（图 1-1-48）。

图 1-1-47　综合娱乐、休闲与刺激体验的混合现实餐饮娱乐空间

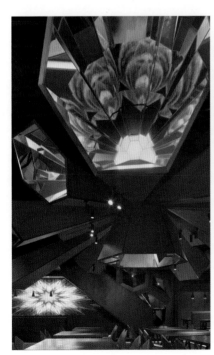

图 1-1-48　奇幻无比且造型多样的餐厅设计

五、互动体验性

互动体验成为一种新的空间组织方法和行为模式，强调人、空间、时间的对话，为顾客提供了角色参与性的转变，增加了顾客的情感互动体验。真正的空间是顾客、背景与主体（食品、菜品和制作过程）进行"对话"，这个背景是一种餐饮食品制作模式的环境，提供了一种指向性的情节。它让顾客充分参与体验其制作过程，打破了时间和地点的屏障，使顾客享受其中的乐趣。例如，现代餐饮空间中的烧烤区，让顾客自己体验烧烤食品的乐趣；再如，上海某餐饮空间，作为一家沉浸式文化感官餐厅，该设计创意最初空间规划的核心即是形式"体验"，通过艺术与科技的结合，营造盛唐的精神及场景穿越的效果，希望为顾客提供一种无以言表的极致感官享受与进餐体验（图 1-1-49）。

图 1-1-49　打造"文化＋体验"场景式餐厅新模式

六、品牌化发展趋势

餐饮品牌的打造离不开品牌架构的丰满，也就是在餐饮主品牌的上下游打造出一个完整的链条，使其从业态上形成呼应。创新多变、自成体系是品牌化整合的工作重点。现在的餐饮消费也已进入整体消费意识阶段，消费者在离开消费场所后在头脑中形成的整体感知回应是餐饮空间环境的品牌文化。所以，其独特体系已不只是菜品、味道、服务、环境、音乐等，而是综合因素的整体体现。品牌化打造是中国餐饮业日后突围的重要手段之一，而实时的战略与战术运用更是餐饮商业空间自成体系的重要方法，以便在"不同的区域里都能创造精彩"（图 1-1-50）。

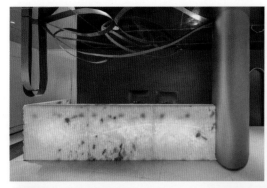

图 1-1-50　塑造独特品牌特色，突出空间独特就餐氛围的新式火锅餐厅

知识拓展

餐饮空间设计风格流行趋势

（1）都市露营风。自然生活方式室内化，在室内创造户外景观的砂石、热带绿植、天幕、帐篷等元素营造户外感，都市周末也可以找到野外露营的趣味，以咖啡店和轻餐店呈现为主。

（2）主题 IP 风格。以互动性强、有独特性格的 IP 为原型，延展到品牌和空间应用中，以醒目、有趣味性的主题单品类餐饮为主。

（3）赛博朋克未来风。空间以未来主义为核心，装置艺术和先锋的迷幻光影打造 5D 视觉冲击；蓝紫青色调结合科技呈现视觉冲击，更多应用于酒吧、餐吧。

（4）寂风。自然美学的体现，化繁为简的高级感和不对称美学诠释来自自然美及禅学意境，给人一种纯粹、质朴的视觉感受，这种风格在网红店、素食餐厅和咖啡店应用较多。

（5）复古港风。港风的回归，可归结为"80后""90后"的集体怀旧；摩登与复古的结合，港式元素和西方街头元素结合，主要应用于港式茶餐厅和奶茶店。

（6）国潮风。用极具民族传统文化属性的元素、视觉冲击力强的色调装饰空间，插画为主要表现形式，以火锅、烤肉、川菜品牌为代表。

不同风格餐饮空间

◙ 技能提升

室内设计师职业技能等级要求

单元测验

理论基础二 | 餐饮空间设计程序及方法

学习目标

知识目标

了解餐饮空间项目设计流程和方法；了解项目不同阶段具体工作内容；了解如何进行项目调研与分析。

能力目标

能够有序开展项目前期调研；能够客观分析餐饮空间经营定位；能够规范绘制项目施工图。

素质目标

培养系统分析问题的能力；建立团队协作意识；培养沟通与表达能力。

知识导入

面对新的设计内容，在开始前需要对设计对象进行充分的了解——收集信息，通常可以从人、物、空间、市场几方面展开调研；通过分析收集的信息和数据，进行设计方向的探索，可以对设计起到指导性作用（图1-2-1）。

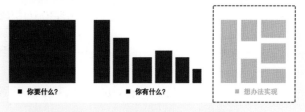

图1-2-1 设计的本质 胡煜超绘

引导问题1： 调研的核心——你要什么？你有什么？最终目的是想办法实现（图1-2-2）。

引导问题2： 一个完整的家装项目主要有哪些工作环节？想一想与公装项目会有哪些异同？

引导问题3： 为什么要进行项目调研？其作用是什么？

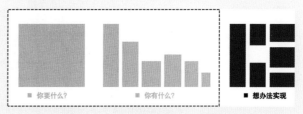

图1-2-2 调研的核心 胡煜超绘

引导问题4： 近年来，市场上出现众多茶饮品牌店铺，让你印象深刻的茶饮店是什么？印象深刻的原因是什么？其在众多茶饮店中的竞争性卖点是什么？

知识点一　项目基础研究阶段内容及方法

一、项目敲定，与设计委托方进行专业沟通

一般项目设计中客户为甲方、设计师为乙方，双方初次沟通的目的是明确设计任务和设计方向。在进行餐饮空间设计之前，甲乙双方一定要做好充分的交流和沟通，做到互相了解。作为设计师，应站在甲方的立场上进行思考，以确定设计思路，同时也需要在沟通的过程中以个人经验调动客户表述个人的实际需求，尽可能多地了解甲方的要求和想法，以获取更加详尽的设计信息，避免只按主观意志设计，最终导致失败。在这一环节，设计师的沟通表达能力也尤为重要。

二、项目现场调研与分析

开始设计之前，首先需要对项目原始情况有一定的了解。具体包括对场地与土建图纸进行核对；对现场空间与相邻商业空间的关系及周边环境情况（包括朝向、采光、通风等）进行分析；对建筑结构进行详细勘查（图1-2-3）。另外，还要对周边所在商业的地理位置、人流量、人群特征等有详细的了解（图1-2-4）。例如开一家餐厅，首先需要确定店面位置，这就需要对周边的环境进行详细分析，其中人流量是选址的关键因素（图1-2-5）。例如，在商圈，各类商业扎堆，则会吸引更多的人，就是商机存在的地方。如果是休闲类或在旅游景点，又或者定位较高端的餐饮空间，则可以结合地理位置充分利用落地玻璃窗的效果，靠窗的雅座则除就餐外还可以观赏风景。前期项目相关情况调研还包括公共安全设施的资料情况、消防系统是否完善、交通流线是否合理、照明系统是否规范、暖通系统是否系统、卫生设施是否到位，只有充分掌握这些情况才能将设计做得更安全、更完善、更合理。

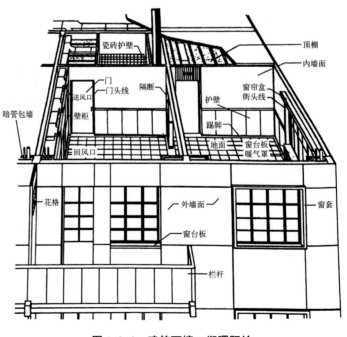

图1-2-3　建筑环境　郑曙阳绘

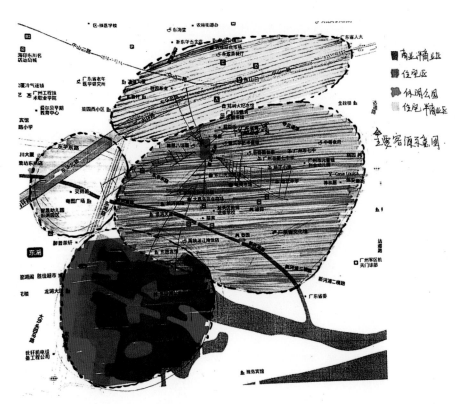

图 1-2-4 主要客源示意图

图 1-2-5 餐厅会所项目前期调研分析

三、业主情况分析

　　餐饮空间设计定位的一个重要的方面是对业主所要经营的内容、经营理念、设计需求、职业习惯等做充分的了解。如果是私人业主，还应注意当时市场的需求和喜好。如果业主为公司企业，则需要认真阅读、梳理业主提供的任务书，可以将时下流行的同行业的装饰理念与业主沟通，从中提炼有效信息。明确设计的主题、时尚的装饰风格及材料等。

对业主需求的分析还应结合餐饮空间的营业特点把握重要环节和相关服务人员，才能更好地了解项目设计需求。具体需要对以下几类人员进行访谈以获取更详尽的设计信息。

（1）厨师：厨师是餐饮的核心，在设计中起着重要的作用，他们能够从实际使用的角度看厨房布局和烹饪设备的摆放，以保证最优化工作程序，提高工作效率并实现实用功能。

（2）店面经理：店面经理是餐厅经营中的主要管理者，同时也是经营者的代理人，大多数的经理都具有餐饮业经营管理的经验，能够从餐饮空间整体的角度来审视设计方案的合理性。

（3）食物服务顾问：食物服务顾问负责整个餐厅的运作，其能够从食品科学化的角度将餐厅的内容加以完善，烘托出文化餐饮的气氛。

通过与这几类人员接触，设计师可以更清楚地了解项目诉求，从而为更好地完成项目奠定基础。

四、市场分析及调研

企业总是在市场中寻求发展，是否适应市场决定一个企业的成败。餐饮空间设计首先是市场的需求，设计师也必须以市场为导向，对市场做深入的研究和判断，对市场发展做出预判，明确设计的理念和主题、当下客户群体的喜好、流行的装饰元素或主题、新型材料和工艺等，才能提出独有的设计理念和设计主题。在此期间还需要对同行业餐饮空间进行考察与调研，通过比较分析提出可行的设计方案。具体调研内容包括同类餐饮空间项目的设计风格、空间布局、装饰材料、施工工艺、社会评价等，以便在设计中扬长避短，突出自己的特色。另外，要对建筑装饰材料、家具、装饰配件等进行调查了解，在设计中除采用常规材料外，还应多使用新型材料和新的产品及数字信息化背景下新型的工艺技术。

五、调查顾客需求

顾客是企业竞争的对象。在了解市场、分析研究、确立主题以后，必须进一步分析消费者的特征、喜好及需求。如餐饮空间针对的是普通消费群体，室内设计应反映经营特色并具有亲民的特点。如果餐饮空间针对的是高端消费群体，在空间布局及装饰材料等方面需要做出相应的调整。同时，顾客的文化程度、情感需求、生活方式、地域的社会特征等也是设计要综合考虑的因素。如要打造高端餐饮空间，那么文化理念的融入也是设计的思路之一。高端消费人群除满足饮食外，还需要借助餐厅进行业务洽谈、休闲等活动，以人文内涵为出发点的设计更容易赢得青睐。因此，餐饮空间消费群体的高、中、低定位决定了最终的设计方向。

六、明确设计目标及任务

通过多方途径多维度的考察与调研，对以上内容进行统筹整理，最终制订详细的项目执行任务书，明确设计任务和要求，以及最终的目标（图1-2-6）。

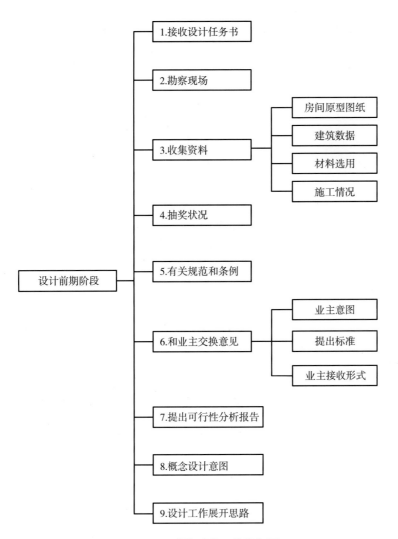

图 1-2-6　前期阶段工作构架图

知 识 拓 展

一、项目调研要素

（1）人：经营者、消费者、从业者；了解业主经营的内容（营利模式和手段）、优点及缺点；了解业主投资计划（预算安排、资金回收周期等）。

（2）物：家具和餐饮相关物品；不同的"人"对"物"的需求不同。

（3）空间：建筑空间自身与建筑空间周边；自身：场地与土建图纸的核对，空间详细尺寸信息；周边：交通、气候、周边同类餐厅分析等。

（4）市场：法律法规、餐饮市场现状、物业情况、装饰材料市场等；国家与当地政策法规（消防、物业、卫生等）、相关餐厅经营、装饰风格等设计内容的分析、项目所在地商业环境物业管理、项目所在地装饰材料市场调研、项目所在城市和片区的规划分析、其他专业（建筑、设备、结构）设施设备建设与安装情况。

二、餐饮空间的经营定位分析

经营定位——从已知（调研）中推理未知（设计），经营思路形成逻辑闭环，顺着经营思路形成设计构思。

餐饮空间室内设计项目调研内容及方法

餐饮空间室内设计项目调研提纲模板

经营定位分析参考图

课 堂 讨 论

为什么要进行经营定位分析？

经营定位分析思维引导

餐饮品牌策划全案

知识点二　方案设计阶段内容及方法

一、概念设计

概念设计阶段也叫作草图构思阶段，是开放性的设计阶段，同时也是进行"加法"思考的阶段，是整个设计过程中至关重要的一个环节。有了构思，就要第一时间记录下来，而采用草图来记录是最快捷的方法（图 1-2-7）。草图一般是指设计初始阶段的雏形，多为思考性质，多记录设计的灵感与原始意念，不追求效果和准确度（图 1-2-8、图 1-2-9）。设计师应根据先前获得的各种相关资料、数据，结合专业知识、经验，收集与设计有关的资料和信息，从中寻找灵感，并通过创造性的思维形式，不拘细节地、自由地表达自己的设计思路，最终从多个草图设计方案中选出较佳的设计方案，再不断地进行减法、修改和完善。

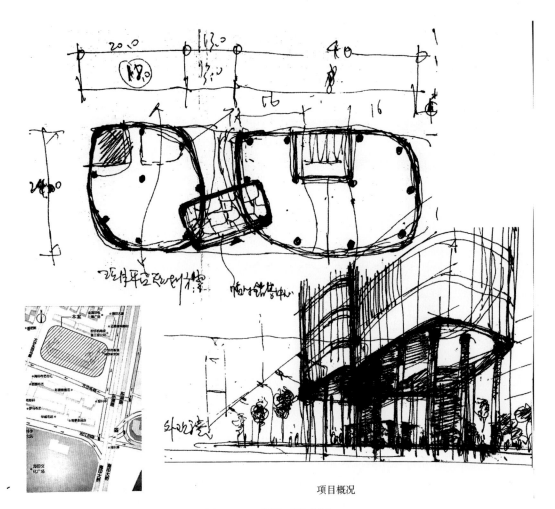

项目概况

图 1-2-7　设计手绘草图

■　前期草图方案

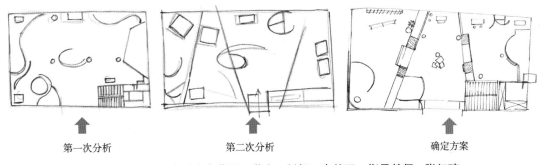

第一次分析　　　　　　　　　第二次分析　　　　　　　　　确定方案

图 1-2-8　平面布置方案草图　学生：刘超、李丛羽　指导教师：张红琼

自助餐厅的自测草图

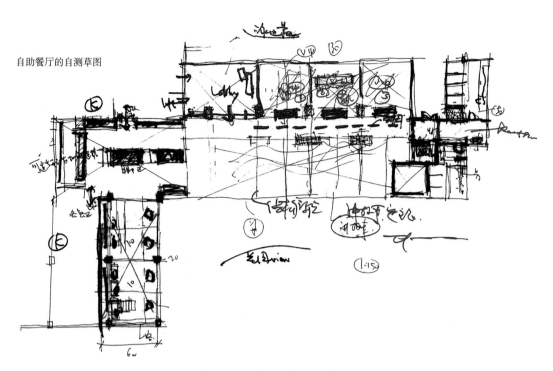

图 1-2-9　平面布置方案草图

在设计概念的构思中，还应当敏锐地剖析和发现有价值的可以用于延展设计方案的关键问题。例如，根据某一元素进行拓展成为整个空间的主导设计元素乃至整个空间的主题（图 1-2-10、图 1-2-11）。一般情况下，方案的主题在很大程度上会被项目中诸多的设计要求间所形成的矛盾所制约，而这种制约换个角度来看，恰恰会引导设计思路的延伸，成为推动设计的有效驱动力。一个设计项目有很多需要解决的问题，但什么问题最为重要和独特，就成为思考的聚焦点，这需要设计师有不落俗套的视角和敏锐的观察力及思辨力。独特的问题往往能推演出独特的设计概念，并最终形成设计方案的独特性（图 1-2-12）。

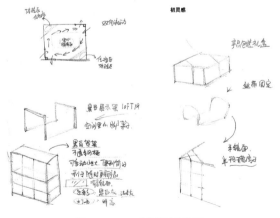

图 1-2-10　空间构思草图
学生：王严严　指导教师：张红琼

图 1-2-11　主题构思
学生：刘超、李丛羽　指导教师：张红琼

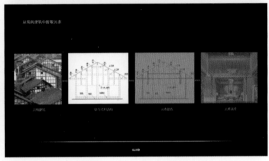

图 1-2-12　餐厅会所项目概念元素提取

二、深化设计

在这一阶段，需要综合考虑各种功能、形式、材料与构造在空间中的应用和实施，包括平面布局、空间形态处理、界面设计等（图 1-2-13）。在设计中，各环节仍应紧密围绕设计概念来进行处理，并形成有效的互动，使方案在推进过程中始终保持有清晰的设计主线，包括功能结构的内在逻辑结构。在空间的功能布局设计中，应深入分析研究不同功能空间中人们的行为方式及相关需求，并

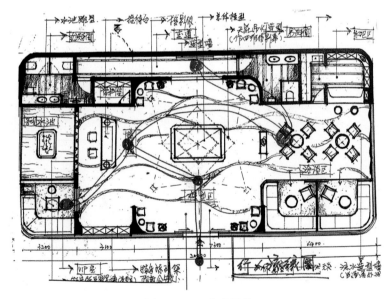

图 1-2-13　方案深化

以此为依据，结合建筑结构的实际情况，合理布置空间，使各类空间在形态、大小、比例和组织关系上更趋合理（图 1-2-14）。在不同的设计阶段，都要明确优先考虑的因素，以局部带动整体逐步推进，形成方案设计过程中的秩序和节奏。同时，还应保持整体设计观念，敏锐地把握各种因素之间的相互影响，将空间与界面，虚体与实体，形式、结构与功能等方面有机地结合在一起，进行统筹规划。以界面的设计为例，餐饮空间室内的界面包括围合空间的各种实体和半实体，以及空间设

计的天（顶）、地、墙（各种隔断）。对界面不同的处理方式，会形成对室内领域感、方向感和装饰性的不同影响。深色的顶面会使空间降低，浅色顶面则使空间升高；石材和玻璃使空间冷峻，木材、织物则让空间具有亲切感。同时，室内其他因素也具有各自在空间中的影响力，它们也会对增强或削弱界面产生一定的影响力。所以，无论是对界面上的图案、边缘、过渡、各界面交接处的处理，还是界面本身形状的设计，都应该考虑与空间形态、结构和光影的关系，与灯具、管道、风口等设备的关系，以及与各种功能和技术问题之间的关系，以满足室内设计在系统性和合理化方面的要求。

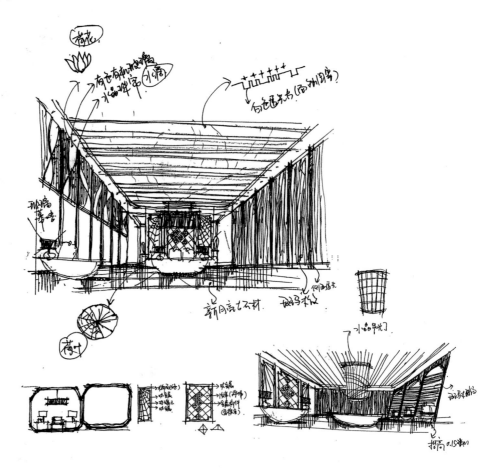

图 1-2-14 对空间三大界面及材料进行深化设计

知识点三　施工图设计阶段内容及方法

　　施工图设计阶段是在方案设计的基础上要求将设计进行深化，它为设计施工提供了一个准确的依据，是将设计转化为现实的重要环节。根据业主对任务书内容的最后认定，在施工图和施工详细说明等方面体现该项目的施工要求。施工图必须着眼于施工的有效实施，将设计的意念以详细的图画及文字予以说明，作为建造者具体实施的依据。因此，施工图的内容应在制造方法、构造说明、详细尺寸、表现处理等方面均有明确的示意。

施工图设计阶段包括初步设计阶段和设计阶段。初步设计阶段包括概算、预算、勘测、初步设计图纸，专业之间互提条件是否满足等；设计阶段包括概算、互提条件补充、图纸审查、修改图纸、出版详图（施工图纸）。施工图应包括平面图、顶棚（天花）图、立面图、剖面图、局部大样图和节点详图。其中，平面图主要包括所有楼层的总平面图，各房间的平面布置图、地面铺装图和索引图；平面图的深化是对平面的不同功能进行合理分区，对设计方案进行空间计划。这里包括空间的功能分区、人流线路的合理安排。公共空间、半隐蔽空间、私密性空间、内部人员使用空间（如员工通道、员工与宾客联系的通道等）、公共空间通道、主要通道方向、人流线路是否合理，次要通道空间宽度，主通道与次要通道的关系等，都要具体到图纸上。例如，桌子安排的数量、板凳的数量等都需要具体到图纸上，这样反映了空间容纳人数的多少。平面图重点表现了空间的计划功能分区、人流线路的合理安排，以比例 1∶50、1∶100、1∶150、1∶200 等用平面图绘制表现。顶棚图是用来表现照明、暖通和消防系统等的详细设计图，顶棚图主要包括楼层的顶棚总平面图和顶棚布置图等，其比例通常与平面图的一致，采用 1∶50、1∶100、1∶150、1∶200 等来绘制。餐饮空间立面图实际上是餐饮空间室内的立面展开图，常用比例为 1∶20、1∶30、1∶50、1∶100 等。立面图包括外立面和室内立面，应画出需要装饰装修设计的外立面和室内各空间的立面，无特殊装饰装修要求的立面也可不绘制立面图，但应在装饰装修说明中予以交代。剖面图包括表示空间关系的整体剖面图，表示墙身构造的墙身剖面，以及为表达设计意图所需要的各种局部剖面。局部大样图是将平面图、顶棚图、立面图和剖面图中某些需要更加清楚说明的部位单独抽取出来进行大比例绘制的图样。节点详图应剖切在需要详细说明的部位并以大比例绘制。

设计师还要写详细的说明、与业主协商准备施工文件等，这些都在设计的责任范围之内。这一过程要产生的文件包括施工图、施工详细说明、设计更改要求和责任规定。施工图包括水、电、暖、消防等设计。另外，还应补充设计预想图，也就是效果图，它是直观表现设计意图的手段，包括手绘和计算机软件绘制两种形式，效果图的作用往往针对一些平、立面不好直观表达的材质、构造和工艺。最后，将以上设计合同文件编辑成册，即项目手册。设计师既是文件的建立者，也是文件唯一的负责人，因此一定要做到以下几个方面：

餐饮空间施工图案例

（1）要符合政府相关条文及法律法规。

（2）明确建筑过程中各方责任。

（3）要满足建筑过程中各种技术要求。

（4）保证合同文件要全面、正确、杜绝疏漏。施工图设计和合同文件拟定阶段占设计师全部工作的近一半，其既是设计师充分服务的实体体现，也是设计师承担风险责任之处。因此，设计师要严肃认真地对待。

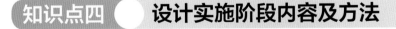

知识点四　设计实施阶段内容及方法

设计实施阶段即工程的施工阶段。设计师应向施工单位进行设计意图说明及图纸的技术交底；经过设计方案的确定，设计师需要经常走进施工项目现场，指导现场负责人组织工人按照图纸进行施工，并对如设计时没预料到的、拆除过程中发现的现场问题，与施工负责人商讨对图纸进行局部修改或补充；还需要协助施工方挑选、购买装饰材料及家具、灯具等；施工结束时，应会同质检部门和建设单位进行工程验收。

为了使设计取得预期效果，设计师必须抓好设计各阶段的环节，充分重视设计、施工、材料、设备等各个方面，并熟悉、重视与原建筑物的建筑设计、设施设计的衔接，同时还须协调好与建设单位和施工单位之间的相互关系，在设计意图和构思方面取得沟通与共识，以期取得理想的设计工程成果。

知识点五 综合设计展示

一套完整的设计方案由文本文件和图纸文件共同构成，由于图纸表达的局限性，许多设计思想和构成方法用文字表达更为准确且达意（图 1-2-15）。文本文件主要包括以下内容：

（1）设计说明。设计说明是表达设计思想意图的文本文件，其内容主要包括设计思路的说明、设计风格的阐述、各部分材料的运用及最后效果的预言。

（2）施工工艺要求。施工工艺要求是设计者对施工方的材料及做法的具体文字要求，许多复杂的工艺程序必须用文字提出准确的施工工艺要求。

（3）验收标准。验收标准一般是根据现行的建筑装饰及消防行业标准提出文字要求，是公共室内设计工程的约束性的文本文件。

（4）图纸目录。一般餐饮空间室内设计的图纸数量非常庞大，为了便于查阅，必须有图纸目录。

（5）装饰材料及防火性能表。一般大型工程都要求将施工图中所有材料检索出来制成文本表格，并附以材料样板和防火性能说明。

方案综合展示如图 1-2-16 和图 1-2-17 所示。

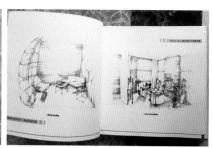

图 1-2-15　文本展示　学生：刘超、李丛羽　指导教师：张红琼

方案汇报及展示
文本案例

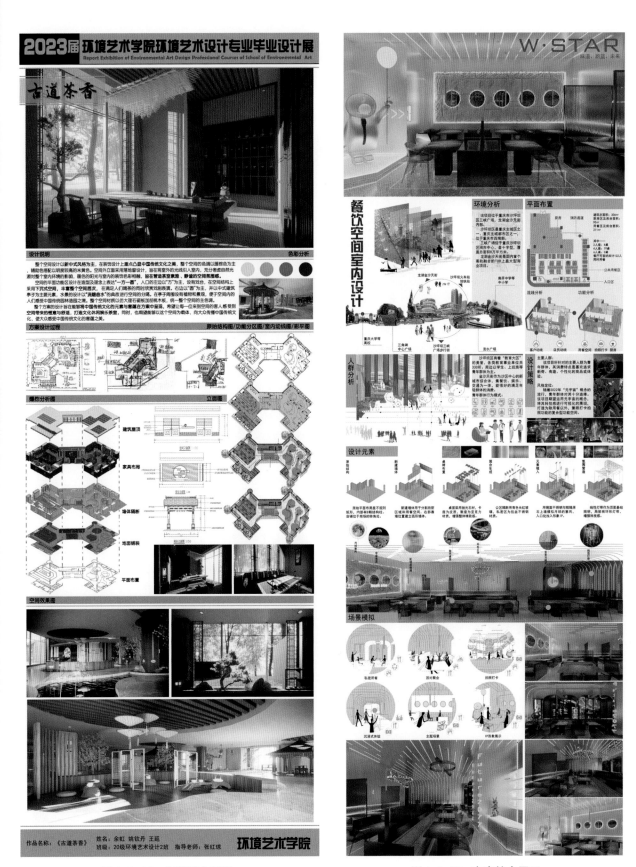

图 1-2-16　方案综合展示

学生：余虹、姚钦丹、王延　指导教师：张红琼

图 1-2-17　方案综合展示

学生：陈小林　指导教师：郝晓鄢

单元测验

项目实战篇

项目一 | 快餐厅室内设计

学习目标

知识目标

1. 掌握餐饮空间功能分区与动线设计方法；

2. 掌握餐饮空间面积配比；

3. 掌握餐饮空间项目快题综合表现。

能力目标

1. 能够独立完成餐饮空间快题设计；

2. 能够合理规划快餐厅功能区及动线；

3. 能够合理配置室内各功能区面积。

素质目标

1. 培养严密的设计逻辑与系统思维；

2. 培养规范设计的意识，遵守职业道德规范；

3. 培养精益求精的工匠精神。

任务一 ▸ 项目导入

一、背景分析

　　快餐厅旨在为消费者提供快速、低价、健康、便利且能满足生活需要的大众性餐饮产品及服务，通常采取连锁经营和品牌经营的方式，是一种符合现代化生活方式和消费观念的餐饮空间。结合目前快餐业的发展趋势，其最大特点在于"制作快捷、使用便利、质量统一、营养均衡、服务便捷、价格低廉"。在具体空间设计上需要考虑到控制成本，注重便捷，富有娱乐性，并服务于自身文化品牌等原则，保证整体空间的和谐统一。传统的快餐模式以便捷、价格低廉为主，重在强调人群的即食即走，较少考虑对舒适、温馨等氛围的营造；现代的快餐模式更重视对个性化、地域化地表达，同时在细节处彰显品牌特色。

二、项目概况

　　某一连锁快餐企业计划针对某大学周边的快餐厅进行改造升级，以符合现代年轻人的审美及需求。因原空间布局与功能区域考虑不当，缺少公共洗手间，因此，在改造的同时，需要对使用空间进行提档升级，以更好地服务就餐人群。室内原始平面图如图 2-1-1 所示，总面积为 167 m²，层高为 3 m，请根据场地图纸对原有空间进行重新规划设计，按要求完成室内设计方案：

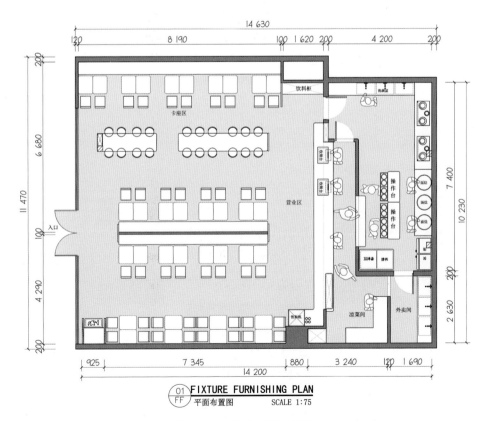

图 2-1-1　室内平面布置图

三、设计内容

（1）结合业主需求重新定位餐厅经营理念，并制订详细改造实施方案。

（2）绘制相应分析图（周边环境分析图、功能区分析图等）。

（3）按比例绘制快餐厅平面布置图，标注内部设施空间尺寸及间距。

（4）绘制快餐厅中餐台区、就餐区主立面图。

（5）绘制快餐厅主要空间效果图、空间小稿。

（6）绘制散座区配套家具设计，包含家具平、立面图及效果图。

（7）编写设计说明，不少于 300 字。

四、设计要求

（1）作品内容完整且满足行业规范和制图规范。

（2）空间布局合理，设施齐备，能够满足营业要求。

（3）根据快餐厅经营特点，合理确定用餐区域每座面积指标。

（4）合理组织送餐流线和顾客使用流线，便捷且避免交叉。

（5）充分利用原有空间，提升翻台率，创造最大利润。

（6）依据快餐品牌特色及业主需求等确定装饰元素，风格特色明确，文化性强。

（7）体现可持续发展的设计理念，注意应用适宜的新材料和新技术。

任务二　设计准备

一、项目调研

快餐厅项目调研准备如图 2-1-2 所示。

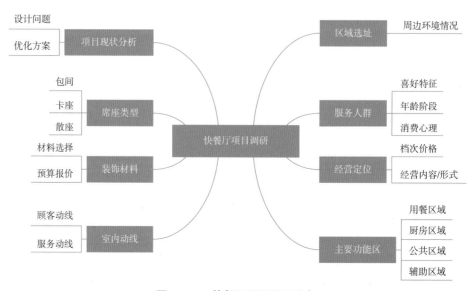

图 2-1-2　快餐厅项目调研准备

项目调研内容如下：

（1）项目所在地场域分析。

（2）根据选址分析其主要服务人群特点。

（3）了解该快餐厅的人均消费并计算翻台率。

（4）分析餐饮空间设计与消费者心理需求的关系。

（5）分析该快餐厅现阶段主要问题，并构思改造方案。

知识拓展

一、翻台率

　　翻台率是指一个饭店一天内每张桌子的平均使用次数。例如，一个饭店有20张桌子，一天内饭店总共接待了70桌客人，那么这个饭店的翻台率就是2.5。翻台率高，意味着能在有限的空间和营业时间内，让座位的流动率提高，营收也会成倍提升。这对于营业性质的餐厅来说尤为重要。

$$翻台率 = （餐桌使用次数 - 总台位数） ÷ 总台位数 × 100\%$$

二、餐桌布置与行为心理

提升翻台率的方法

类型	距离标准/米	释义
亲密距离	0～0.45	人际交往间最小距离。其中，处于0～0.15米，彼此可以肌肤相触，属于亲密接触的关系；处于0.15～0.45米，这时身体不相接触，是可以用手相互触摸到的距离。亲密距离是表达爱抚、亲昵等细腻感情的距离，一般不用在公共场合；餐厅中陌生人处于这种距离会感到局促和不安
个人距离	0.45～1.22	这种距离较少直接接触身体。处于0.45～0.75米，适合较为熟悉的人们，可以亲切握手、交谈；处于0.75～1.20米，这是双方手腕伸直，可以互触手指的距离，也是个人身体可以支配的势力圈。同一餐桌上就餐者之间的距离就属于个人距离
社交距离	1.22～3.65	这种距离已经超出亲密或熟悉的人际关系。处于1.2～2.1米，一般是工作场合和公共场所；处于2.1～3.6米，表现为更加正式的交往关系，是会晤、谈判或公事上所采用的距离。社交距离是影响餐桌布置的距离，该距离的下限适用于关系密切的交往者，但如果陌生人处于社交距离的下限会感到被干扰和不安，可以用一道栏杆、一片隔断、一丛绿植、几步台阶来分割区域，减弱人们心理上的不安。处于社交距离的上限的餐桌，已经相隔一段距离，能让人感到有所分割、互不干扰，可以看到他人全身及周围环境
公共距离	3.65～7.62	这种距离很难进行直接交谈，是用于小型演讲、演出的人与观众的距离，如宴会厅的主席台、音乐餐吧的舞台和餐桌的距离都是这种距离。处于7.6米以上的距离位置，在现代社会中，则是在大会堂发言、演讲、戏剧表演、电影放映时与观众保持的距离

注：各区间包括下限，不包括上限

二、资料收集

（1）收集国内外快餐厅设计，并运用所学知识进行分析。

（2）选择1～2家快餐厅进行实地调研，并撰写调研报告。（参考"理论基础二 知识点一"内容）

（3）收集不同类型餐饮空间案例，并分类建立素材资料库。

任务三　知识导入

引导问题 **1**：扫描二维码，结合图片案例，尝试分析一般快餐厅需要设计哪些必要的功能区。

引导问题 **2**：假设你是消费者，你更倾向于前往哪一家餐厅就餐？请阐述原因。

快餐厅设计案例

任务四　知识准备

知识拓展

"不舒服的设计"

"建筑暗示可以强化我们希望在特定场所中实施的预期行为。"——Migette Kaup

餐饮空间设计可通过座位的舒适度、餐厅内的光线度等来缩短顾客的用餐时间，以此提升餐厅的翻台率。在众多餐饮类型中，以"薄利多销"为销售理念的快餐店尤为重视翻台率，通过简化点菜流程、缩短服务时间、加快用餐速度等方式提高翻台率，体现在设计上则主要具有以下几点特征：

（1）材质：考虑到快餐厅的定位和服务人群，快餐家具不宜选用过于昂贵的材料，以便控制成本。经营者从顾客就餐满意度上出发，在家具选择上更重视其舒适性和整洁干净的特点，多采用曲木和防火板等材质，既具有木材的亲和力，又符合钢木家具的结构特征。

（2）色彩：快餐厅的色彩设计与其他餐厅不同，为了缩短用餐时间，打造快节奏、高效率的色彩氛围，多采用明亮的色彩和提高光照的方式来营造空间氛围。暖色可以使人心情愉悦、兴奋，增进食欲，同时，也会使人感觉时间比实际的漫长，从而缩短在快餐厅内的停留时间。

（3）灯光：在快餐厅室内空间中的灯光设计没有唯一性及固定性，应当结合快餐厅的空间结构、材质肌理及特色主题定位，同时考虑到消费者的心理情绪层面的需求来进行空间的冷暖灯光搭配设计，才能更加贴切地传达出空间所要体现的艺术感受及独特氛围。

一、快餐厅经营定位

（一）快餐厅服务人群定位

近年来，随着我国居民可支配收入的增长及城镇化进程的发展，由此带动了居民生活节奏加快及对高效生活模式的追求，快餐厅由于其耗时短，迎合人们节约时间的需求，以"快节奏""多品类""低成本"等作为基本特色，根据目标消费者的数量、规模及消费心理等需求展开相关设计。我国快餐厅主要面向工作繁忙的上班族和以学生为主的青少年人群，相较于正餐，他们更加重视菜品的丰富性、价格的低廉性和用餐的快捷性，因此在整体空间定位上以标准化、体系化设计为主，一方面提升品牌辨识度；另一方面则在一定程度上减少经营成本（图2-1-3）。

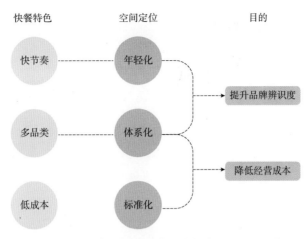

图 2-1-3　快餐厅设计特色及空间定位　王珩珂绘

（二）快餐厅空间设计定位

设计定位作为空间的灵魂所在，一般以目标消费者的欣赏水平和审美需求为标准，根据经营内容，基于相关基础调研分析形成。快餐厅在定位上以氛围轻松、消费者使用便捷为主要特点，空间要求整洁干净明亮。由于其服务人群以时间观念强、目的性强的顾客为主，因此在空间布局上有别于其他就餐空间，整体需要满足顾客顺畅通行的要求，在空间划分上以流动性空间为主，避免产生过多分隔（图2-1-4）。一般是通过色彩、材质、绿化等虚拟空间的划分满足顾客间的独立隐私需求，使其产生心理区域感。同时，在对整体色调的把控上，快餐多以简洁明快、轻松活泼的色调为主，重视室内空间装修和陈设整体统一，在设计过程中整合不同空间功能，使之融合于同一空间内（图2-1-5）。

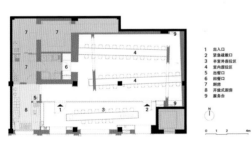

图 2-1-4　快餐厅设计突出空间划分的流动性

图 2-1-5　快餐厅空间色彩的一致性

（三）快餐厅特色主题定位

我国的快餐业是在改革开放之后从无到有发展起来的。最早的快餐来自美国，如肯德基等，在国外快餐品牌垄断中国快餐市场几十年以后，以中式餐饮为主的中式快餐业诞生了，快餐厅的经营形式也已被大众接受。随着社会的快速发展，消费者进一步提升为重视就餐环境的体验设计，对快餐厅的空间环境提出新的审美诉求。目前，快餐厅的设计在满足人们基础进食需求的同时，应兼具休闲和突出品牌特色的功能（图2-1-6）。近年来与地域文化相结合的快餐厅室内空间设计大量出现于消费者的视野中，基于当代人的审美特征和心理诉求，与传统的地域特色相融合，结合新的装饰手法，以及空间语言和材料应用等方式，在更新消费者感官体验的同时，提升快餐厅品牌价值，凸显当地地域文化（图2-1-7）。

图 2-1-6　餐厅借助室内装饰设计强调品牌的自然特色

图 2-1-7　以蜡染为主要装饰元素的苗族特色餐厅

二、餐饮空间序列

空间序列是指空间环境先后活动的顺序关系。为了使空间的主题突出，综合运用对比、重复、过渡、衔接、引导等空间处理手法，把各个空间按顺序、流线、方向等进行联系，把个别的独立的单元空间组织成统一变化的复合空间。在总体布局时，将入口、前室作为第一空间序列，将大厅、包房雅间作为第二空间序列，将卫生间、厨房及库房作为最后一组空间序列，使其流线清晰，功能上划分明确，减少相互之间的干扰（图 2-1-8、图 2-1-9）。

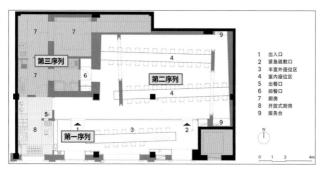

图 2-1-8　餐饮空间序列

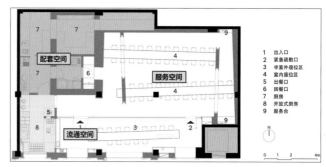

图 2-1-9　各序列对应的功能空间

（一）入口内外功能服务区

结合餐饮空间地理位置及周边环境，入口外部要留有足够空间供车辆停靠或停留，如酒店应配备门童接待、进行车位停靠的引导，入口内侧应有迎宾员接待、引导等服务，应预留入口空间为顾客安排就餐前后的休息区域、等候区域和观赏区域等。餐饮空间入口内外设计服务性功能区反映了一个高档餐饮空间的服务标准，优质的服务应从入口区域开始，使顾客能够切实地感受到餐厅热情与周到的服务，它也是餐厅服务的窗口，还可以结合餐饮空间的规模在门口摆放宣传广告或菜谱等，使其同时兼有宣传作用（图 2-1-10、图 2-1-11）。

图 2-1-10　餐厅入口设置等候区与"打卡"位，丰富入口区域功能

图 2-1-11　入口摆放菜谱，便于等候点餐，同时宣传餐厅经营菜品

（二）吧台和候餐区

吧台是商业餐饮空间最重要的工作环节，它不仅具有收银、订餐、销售酒水等综合性服务功能，还兼有餐厅管理和顾客接待的作用（图 2-1-12）。同时，在餐饮空间环境设计方面，吧台应该是环境设计的重点及室内环境设计的中心视点，它是一个餐饮企业形象的重要标志。候餐区承担着迎接顾客、等候用餐的"过渡"区功能，这个区间的设定充分体现餐饮空间商业服务人性化的一面，也能体现出餐饮企业的经营理念，高档的餐饮企业往往会将这个区域设计得精美别致、品位独特，富有文化内涵，让顾客从中得到消费心理的极大满足。候餐区不仅仅设在门厅的入口处，在各楼层的餐饮空间也可以开辟这一区域，为顾客的就餐等候创造便利条件，同时营造了一个安静、休闲、文化的候餐氛围（图 2-1-13）。

图 2-1-12　兼具收银、点单、接待与就餐等功能的吧台区

图 2-1-13　大型食府候餐区

（三）用餐区

用餐功能区是为顾客提供就餐活动的空间。如大型餐饮空间中的用餐区包括宴会厅、包间（图2-1-14），而中小型餐厅则是设置不同座位类型并集中布局在建筑环境中的最优位置（图2-1-15）。

图 2-1-14　大型餐厅宴会厅与包间

图 2-1-15　快餐厅的就餐区

（四）配套功能区

配套服务是与满足顾客就餐需求密切相关的服务环节。由于商业餐饮空间的建筑环境多数是跨楼层、跨区域的，餐饮服务流程变得复杂，所以，需要设置与餐饮活动相配套的、必要的服务空间，包括各楼层服务吧台、酒水展示与存放的展台、库房、各楼层的传菜间及布菜间（图2-1-16、图2-1-17），各楼层的公共卫生间及包房内置的独立卫生间（图2-1-18），各楼层的公共休息区和观赏区（图2-1-19），水平或垂直的交通空间等。

图 2-1-16　餐厅服务吧台　　　　　　　图 2-1-17　餐厅酒水展示与存放的展台

图 2-1-18　餐厅卫生间和阅览室　　　　　图 2-1-19　餐厅公共休息区和观赏区

（五）后勤办公区

　　餐饮后勤办公服务是商业餐饮空间的一个重要组成部分。它是商业餐饮企业经营管理的重要后勤保障，前台销售的所有菜品都源于厨房的加工制作，同时还要有餐饮企业的经营管理部门（图 2-1-20）。餐饮后勤服务的规模和标准决定了商业餐饮企业前台的服务和质量。

图 2-1-20　餐厅办公区

三、快餐厅功能分区

　　餐饮空间功能规划是根据餐饮主要特征和企业管理要求，以及消费者在空间内的活动规律，对室内空间进行合理的分割和设置。其作为设计中最为重要的环节，与经营者的工作效率和消费者的便捷程度息息相关。快餐厅在总体布局上包括就餐空间、使用空间、工作空间等要素，需要考虑到区域划分、人流动线、面积规划、设施配置和安全性等问题。

　　快餐厅的设计首先要满足消费者快速用餐这一基本要求，其次要追求更高的审美和艺术价值。快餐厅在具体功能分区上可分为备餐区、厨房、等候区、就餐区、办公区、储物区、员工用房、卫生间等。快餐厅作为多功能空间形态的组合，可将其划分为工作空间、使用空间、就餐空间三大区域（图 2-1-21），每个空间具体设计要点如下。

（一）工作空间

　　工作空间包括厨房、备餐区、前台、办公室、仓库等。快餐店最大的特点是提供方便快捷的服务，因此为了缩短服务时间，减少送餐距离，通常将前台用作备餐区，背后则直接与厨房相连通，方便员工快速出餐（图 2-1-22）。

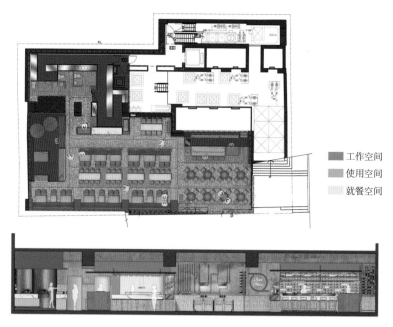

图 2-1-21 餐厅室内空间功能分区及剖面图

工作空间
使用空间
就餐空间

图 2-1-22 前台与厨房区相连

（二）使用空间

使用空间包括等候区、线上自助点餐区、卫生间等。快餐厅的销售模式有别于其他形式的餐饮空间，为减少休憩畅谈时间，提高快餐厅上座率和人流量，快餐厅通常不设置产品展示区，且等候区一般面积较小、布局精简，满足简单的排队等候即可。受网络时代特性的影响，快餐厅一般会设置自助点餐区，节约顾客的点餐时间，提升员工的服务效率（图 2-1-23）。

图 2-1-23 专设外卖区方便配送

（三）就餐空间

就餐空间占据整个餐饮空间的中心位置，是一个空间连贯、占地面积较大、与其他功能空间互有连接的区域（图 2-1-24）。快餐厅作为中低档次消费的就餐场所，为保证销售量，相应需要扩大营利面积，增加空间利用率，因此在面积配比上一般为就餐区 70%，其他区域 30%。

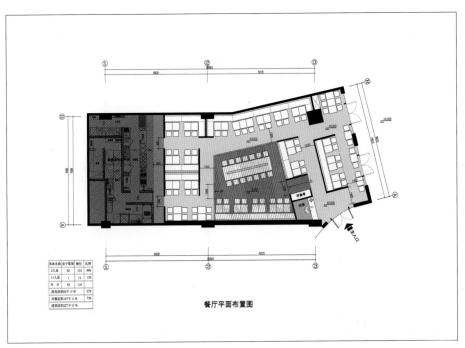

图 2-1-24　餐厅面平面布置图

知识拓展

餐饮空间中就餐区的座位布置形式

不同的餐饮空间由于经营内容、经营特点的不同，就餐区会有不同的座位布置形式。但是从总体上看，一般可划分为散座、卡座和包间三种形式。

餐饮空间座位布置形式

四、餐饮空间动线设计

动线主要是指顾客、餐厅服务人员及物品在餐厅内的行进方向路线。因此，可将快餐区动线区分成顾客动线、服务人员动线两种。餐厅的通道设计应该流畅、便利、安全，尽可能方便客人，避免顾客动线与服务人员动线发生冲突，发生矛盾时，应遵循先满足客人的原则。服务人员动线讲究高效率。服务人员动线对工作效率有直接影响，原则上应该越短越好；且同一方向通道的动线不能太集中，去除不必要的阻隔和曲折。

（一）顾客动线

顾客进入餐厅后的行进方向应设计成沿直线向前的方式，以便让顾客可以直接顺畅地走到座位处（图 2-1-25）。如果行进路线过于曲折绕道，会令顾客产生不便感，而且也容易造成动线混乱的现象。所以，顾客动线适宜采用直线，避免迂回绕道，以免产生人流混乱的感觉，影响或干扰顾客进餐的情绪和食欲，而且通道必须时刻保持顺畅，简单易懂。顾客行走路线不宜过长（最长不超过40 米），要尽量避免穿越其他用餐空间。由此可见，餐厅的通道设计应该流畅、便利、安全，尽可能地方便顾客。避免顾客动线与服务人员动线发生冲突，在两者发生矛盾时，应遵循先满足顾客动线的原则。餐厅通道中如果一个人舒适地走动需要 950 毫米的宽度，两个人舒适地走动需要 1 250 毫米的宽度，三个人舒适地走动则需要 1 800 毫米的宽度。

图 2-1-25 粤式餐厅就餐区通道设计

（二）服务人员动线

餐饮空间动线设计上以寻求最佳工作效率为目的，通常采取直线设计且尽量避免曲折前进，同时还要避开顾客的动线及进出路线，以免与顾客发生碰撞。尤其是服务员上菜的路线，更应该有明显的区隔，以免因为碰撞导致碗碟翻覆而造成伤害。服务人员动线要讲究高效率，原则上应该越短越好，并且同一方向通道的动线不能太集中，应去除不必要的阻隔和曲折（图 2-1-26）。

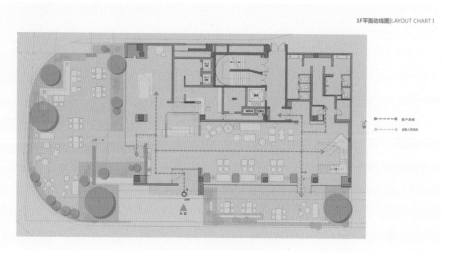

图 2-1-26 餐厅平面动线图

五、餐饮空间面积指标

影响餐饮空间面积的因素有服务的等级、餐厅的等级、座席形式等。餐饮建筑空间中餐饮部分的规模以面积和用餐座位数为设计指标，随餐饮空间的性质、等级和经营方式不同而变化。餐饮空间的等级越高，餐饮面积的指标就越大；反之，则餐饮面积的指标就越小。

餐饮空间使用面积的计算指标，一般以 1.85 平方米 / 座为基数标准计算。其中，中低档餐厅以约 1.5 平方米 / 座为基数标准计算，高档餐厅以约 2.0 平方米 / 座为基数标准计算，快餐厅用餐每座最小使用面积为 1.2 平方米 / 座。分别用不同的基数乘以应服务人数即得出商业餐饮空间的公共消费空间面积值。计算指标过小，会造成使用上的拥挤，对餐饮空间的档次标准有一定的影响；计算指标过大，会造成面积的浪费，并增加服务人员的劳动，对餐饮空间设计的经济性有一定的影响。

空间设计标准根据设计餐饮空间的档次，可上下进行浮动。餐饮空间中的餐厅应大、中、小型相结合。大中型餐厅餐座总数占酒店总座数的 70% ～ 80%，小餐厅占餐座数的 20% ～ 30%。《餐饮服务食品安全操作规范》第一章总则第六条明确规定：特大型餐馆指加工经营场所使用面积在 3 000 平方米以上（不含 3 000 平方米），或者就餐座位数在 1 000 座以上（不含 1 000 座）的餐馆；大型餐馆指加工经营场所使用面积为 500 ～ 3 000 平方米（不含 500 平方米，含 3 000 平方米），或者就餐座位数为 250 ～ 1 000 座（不含 250 座，含 1 000 座）的餐馆；中型餐馆指加工经营场所使用面积为 150 ～ 500 平方米（不含 150 平方米，含 500 平方米），或者就餐座位数为 75 ～ 250 座（不含 75 座，含 250 座）的餐馆；小型餐馆指加工经营场所使用面积在 150 平方米以下（含 150 平方米），或者就餐座位数在 75 座以下（含 75 座）的餐馆。

《饮食建筑设计标准》
（JGJ 64—2017）

知识拓展

人体工程学

人体工程学起源于欧美，原先是在工业社会中，开始大量生产和使用机械设施的情况下，探求人与机械之间的协调关系。人体工程学作为独立学科有 40 多年的历史。作为研究"人—机—环境"系统中人、机、环境三大要素之间的关系，为解决该系统中人的效能、健康问题提供理论与方法的科学。及至当今，社会发展向后工业社会、信息社会过渡，重视"以人为本"，人体工程学强调从人自身出发，在以人为主体的前提下研究人们的一切生活、生产活动中综合分析的新思路。

人体工程学图例

任务五 项目实施

设计提示：充分挖掘快餐品牌自身的经营理念、经营定位等，并分析当前空间设计的不当之处，合理规划功能分区。各区域面积配比、室内动线组织等，提升空间利用率和翻台率，依此对室内空间布局进行改造，突出快餐厅的便捷性（表 2-1-1）。

表 2-1-1 建议功能区

区域		功能	设计要点
公共区域	主入口	吸引与接待顾客	过渡室内外空间，奠定餐厅基调
	前台区	服务、收银	可与备餐区结合，缩短服务时间
	等候区	休息、展示商品	可与就餐区融合，并结合橱柜展示产品
	线上点餐区	快捷点餐	融合科技点菜系统，满足快节奏消费
	卫生间	基础设施	参考《饮食建筑设计标准》（JGJ 64—2017）确定蹲位数量及布置形式
用餐区域	散座区	满足多样化的就餐选择	在满足最大化的座位数的同时，彰显空间的秩序与美感，尽可能给予视觉更多的体验与互动
	吧台区		
	卡座区		
	储物间	基础设施	与空间动线相结合，避免服务人员动线与顾客动线产生冲突
	厨房区		

注：可根据实际需要添加、删减或合并于同一空间

快餐厅设计案例合集

● **实训任务书示例**

快餐厅室内空间设计项目实训任务书

一、实训目的

（1）能够合理布局快餐厅功能分区，合理组织室内动线。
（2）能够独立完成快餐厅设计项目。
（3）能够遵循人体工程学进行空间室内设计。
（4）能够通过效果图准确表现设计创意。

二、实训内容

（1）设计内容：独立完成快餐厅的室内设计。
（2）设计背景：该项目坐落于某办公楼前，西面与南面临街，主要经营面点。业主要求空间设计风格简约时尚，以经济适用为主。需要在临街面设计专门的外卖取餐窗口，并且能够提供吧台座位，室外与室内能够贯通。空间概况请参照场地平面图（图 2-1-27），层高 5 米、外门高 2.4 米。快题参考案例如图 2-1-28 所示。

手绘快题

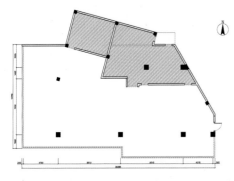
图 2-1-27 场地平面图

图 2-1-28 快题参考案例

三、实训课时建议

实训课时建议见表 2-1-2。

表 2-1-2 实训课时建议

	实训模块	主要内容	建议课时
模块一	理论基础及设计思路引导	（1）手绘室内功能分析图 1 张； （2）手绘室内平面布局草图 1 张	3 学时
模块二	效果图、平面图绘制	（1）平面布置图 1 张，立面图 2 张（比例自定）； （2）主空间效果图 1 张，空间小稿 2~3 张； （3）若干分析图，包括区位分析、功能分区、交通流线分析图等； （4）配套快餐厅家具设计	6 学时
模块三	总结与展示	（1）编写 300 字以上设计总说明（包括设计依据、主题表现、设计构思、创新亮点等）； （2）设计快题排版	3 学时

四、实训要求

实训要求见表 2-1-3。

表 2-1-3 实训要求

职业功能	项目实施内容	技能要求	相关知识要求
概念设计	规划空间平面布局	1. 以气泡图的形式表达空间基础功能分区； 2. 能够对室内交通流线进行合理组织； 3. 能够依据人体工程学进行家具布置	1. 功能分区及交通流线的理论知识； 2. 人体工程学中人与家具及室内空间的尺度相关知识
	梳理设计思路	系统思考问题，具有主动发现问题和解决问题的能力	公共空间室内设计基础理论
手绘表达	手绘表现	能够准确以手绘草图方式表达空间整体设计	手绘草图表现方法
	综合展示	1. 画面完整，符合制图规范； 2. 条理清晰地汇报设计方案	1. 基础制图规范； 2. 建筑制图与识图

五、工作任务评价与总结

（一）评价反馈

介绍任务的完成过程，展示前应准备阐述材料，并完成评价表。

（1）自我评价：针对方案，结合任务书评价标准、职业技能等级要求进行自评。认真思考不足，总结经验和方法（表 2-1-4）。

表 2-1-4 学生自评表

评价内容	评价标准				
	A 90~100分	B 80~90分	C 70~80分	D 60~70分	E 0~60分
理论知识（40%）					
实践技能（60%）					
不　足					

（2）展示互评：展示所有方案并进行 5 分钟阐释，由班级同学进行互评（表 2-1-5）。

表 2-1-5 学生互评表

评价内容	评价标准				
	A 90~100 分	B 80~90 分	C 70~80 分	D 60~70 分	E 0~60 分
空间功能布局是否合理（20%）					
座位布置是否合理（20%）					
制图是否规范（15%）					
设计是否利于用餐和提供便捷服务（30%）					
手绘综合表现（15%）					

（3）师生综合评价：将前两项评分填入表格，并完善表格其他内容（表 2-1-6）。

表 2-1-6　师生综合评价表

个人评分	生生互评	专任教师评分	企业教师评分
教师意见或建议			

注：该表格中各项内容分值占比，各教师可依据实际情况设定，相加后获得该项目的综合得分。

（二）总结提升

针对学生互评和教师评价，总结本次项目实践的不足及改进方法。

单元测验

项目二 中餐厅室内设计

学习目标

知识目标

1. 掌握餐饮空间形态类型；

2. 掌握餐饮空间分隔与限定类型；

3. 掌握中式餐厅的家具特点及布置逻辑。

能力目标

1. 能够合理规划室内空间；

2. 能够灵活设计空间表现形式，合理选用家具；

3. 能够围绕中式餐厅特色展开室内空间的综合设计。

素质目标

1. 培养敏锐观察的能力及活学活用的能力；

2. 培养科学、理性思维；

3. 培养关注中国传统文化及设计转化的能力，增强民族文化认同感。

任务一　项目导入

一、背景分析

在我国，中式餐厅使用频率较高，是我国重要的餐饮室内设计类型。中式餐厅不仅提供中国菜肴，还通过室内装饰设计展示着中国传统文化，故在餐厅环境整体风格上应突出中国传统文化元素的运用（图 2-2-1 至图 2-2-3）。因此，中式餐厅的家具、餐具、灯饰与工艺摆件，甚至员工的服装等都应围绕中国传统文化元素展开，例如选用中国传统灯具、中国古典家具、中国字画作品等在空间中进行直观呈现，这对于突出空间整体风格、彰显中国传统文化魅力具有重要作用（图 2-2-4 至图 2-2-5）。

图 2-2-1　中式家具、陈设在空间　　图 2-2-2　传统文化元素在新中式餐厅　图 2-2-3　传统文化元素
中的运用　　　　　　　　　　的运用　　　　　　　　在火锅餐厅中的运用

图 2-2-4　市井风格的餐厅　　　　图 2-2-5　运用民族　　　　图 2-2-6　具有农家乐
装饰元素的中餐厅　　　　氛围的湘菜馆

二、项目概况

该项目位于中心地段，是一家经营云南菜的中餐厅。餐厅西侧和东南侧各一入口，西侧为主入口，层高 6.0 米、外门高 2.4 米。在原结构不变的情况下，确定就餐面积及就餐席座，并对餐饮部分进行设计（图 2-2-7、图 2-2-8）。

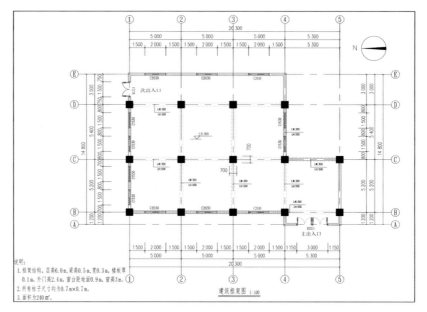

图 2-2-7 建筑框架图

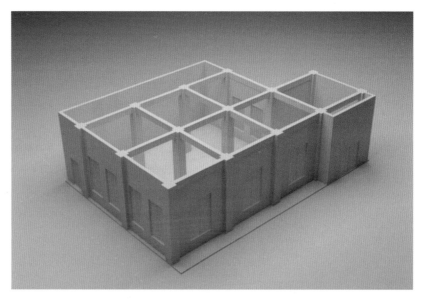

图 2-2-8 基本空间模型示意

三、设计内容

（1）以某中式装修风格餐厅为例，通过实地调研，梳理完整的调研报告，以 PPT 形式呈现。

（2）确定餐厨比，绘制中式餐厅就餐区域的平面布置图、顶面图 A3 横向各 1 张（比例为 1∶80～1∶100）。

（3）绘制相应分析图（人流分析图、功能区分析图等）。

（4）绘制特色空间设计立面图（3 张，自行排版于 A3 幅面），重点角度室内效果图（不少于 2 张，角度自定，自行排版于 A3 图幅）。

（5）空间内特色家具详图（A3 幅面，1 张）。

（6）编写设计说明（不少于 300 字）。

知识拓展

餐厨比

餐厨比即餐厅后厨与前厅面积的比例。《餐饮建筑设计标准》(JGJ 64—2017) 中规定厨房区域和食品库房面积之和与用餐区域面积之比的规定。

分类	建筑规模	厨房区域和食品库房面积之和与用餐区域面积之比
餐馆	小型	≥1：2.0
	中型	≥1：2.2
	大型	≥1：2.5
	特大型	≥1：3.0
快餐店、饮品店	小型	≥1：2.5
	中型及中型以上	≥1：3.0
食堂	小型	厨房区域和食品库房面积之和不小于 30 m²
	中型	厨房区域和食品库房面积之和在 30 m² 的基础上按照服务 100 人以上每增加 1 人增加 0.3 m²
	大型及特大型	厨房区域和食品库房面积之和在 300 m² 的基础上按服务 1 000 人以上每增加 1 人增加 0.2 m²

注：1. 表中所示面积为使用面积。

　　2. 使用半成品加工的饮食建筑以及单纯经营火锅、烧烤等的餐馆，厨房区域和食品库房面积之和与用餐区域面积之比可根据实际需要确定。

四、设计要求

（1）依据业主需求、经营内容或餐厅所属地域文化背景、面向群体等进行餐厅室内设计。

（2）合理划分空间，餐饮部分需合理规划功能区并尝试运用不同分隔形式。

（3）合理组织室内交通流线，避免交叉，且应活动便捷。

（4）座位类型多样，能满足不同人群，如有包房，应突出风格特色。

（5）结合中式风格设计合适的家具样式。

（6）标注内部设施和隔断空间的尺寸及间距。

任务二　设计准备

一、项目调研

中餐厅项目调研准备如图 2-2-9 所示。

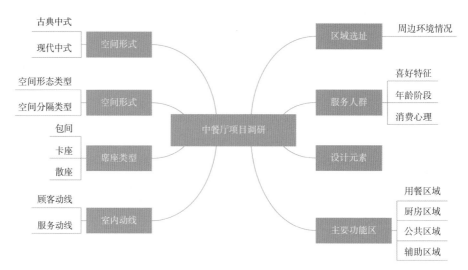

图 2-2-9　中餐厅项目调研准备

二、资料收集

（1）收集中餐厅设计案例，并运用所学知识进行分析。

（2）收集传统中式、新中式代表性装饰元素（如家具、窗帘、隔断、灯具等）。

任务三　知识导入

引导问题 1：扫描二维码，结合图片分析案例中的中餐厅是如何分隔空间的。

引导问题 2：根据自己的就餐体验，说一说让你印象深刻的中餐厅，并分析原因。

中餐厅案例

任务四　知识准备

一、餐饮空间形态类型、分隔类型与方式

（一）餐饮空间形态类型

按照室内空间的类型，可以从不同角度去认知，如空间的开敞程度、私密程度、动静态势等角度分类。餐饮的主要空间类型可分为以下几种：

（1）封闭空间与开敞空间。空间从界面上分为封闭空间与开敞空间、半封闭空间与半开敞空间。在视觉、听觉上封闭性与隔离性很强的空间，称为封闭空间（图 2-2-10）。封闭性空间界面多为实体，只有特定的人群才能进行活动，具有强烈归属感和私密感的同时也容易出现压抑及沉闷的感觉。开敞性的空间多为渗透性，便于交流的外向型空间，视界通透。开敞空间在餐饮空间中分为两种：一种是内开敞空间，将室内的中庭等利用自然景观（树木、花卉、水景、石景等）形成一种室外的开敞感；另一种是借景，就是让视线透明，可以直接观察和利用外界的景观，使室内与室外融为一体（图2-2-11、图2-2-12）。半开敞半封闭空间结合了开敞空间和封闭空间的优点，属于内外兼有的空间类型，既打破封闭空间的呆板感觉，又营造公共空间中的归属感（图2-2-13、图2-2-14）。

图 2-2-10　中式餐厅内部包间

图 2-2-11　开敞餐饮空间　　　　图 2-2-12　利用借景的开敞餐饮空间

图 2-2-13　突出古雅意境的火锅店餐厅（半开敞空间）

图 2-2-14　城市花园餐厅

（2）下沉式空间与地台式空间。下沉式空间也称地坑。餐饮空间地面局部下沉，在统一的空间中产生一个界限明确、富有变化的独立空间。下沉式空间的下降高度，少则一两级台阶，多则四五级。高差交界的处理也有许多方法，如在下沉式空间周围布置护栏隔断、矮墙绿化、装饰酒柜等形成视觉形象节点（图 2-2-15、图 2-2-16）。将餐饮空间的地面局部升高产生的一个边界明确的空间即地台式空间，其功能、作用几乎和下沉式空间相反。由于升高地台使餐饮空间形态层次变得更丰富，同时扩大了就餐顾客的视野范围，因此很好地满足了顾客在就餐时观察与欣赏的心理需求。茶室、咖啡厅常利用升起阶梯的地台方式，使顾客更好地观察室内的整体环境（图 2-2-17）。

图 2-2-15　酒馆中的
下沉式空间　　　　　　　　　　图 2-2-16　商业空间的就餐区采用　　　图 2-2-17　餐饮中的地台式
"下沉式"以形成空间中的"焦点"

（4）凹式空间与外凸空间。凹式空间是室内局部应用的一种空间形态，在餐饮空间中较普遍。由于凹式空间只有一面开敞，受干扰少，形成安静的一角，因此具有清静、安全、亲密感强的特点（图 2-2-18）。在餐饮空间中常用凹式空间作为半封闭的雅间，避免人流干扰，获得良好就餐环境。凹凸是一个相对概念，大部分的外凸空间希望将室内更好地伸向自然、水面，达到三面临空，饱览风光，与室内外空间融合的效果；或者改变朝向方位，形成锯齿形的外凸空间（图 2-2-19）。

图 2-2-18　餐饮空间中的凹式空间　　　　　图 2-2-19　餐饮空间中的外凸空间

（5）回廊与挑台空间。回廊是餐饮空间中独具一格的空间形态，常运用于餐饮空间的门厅与休息区域，以增强入口宏伟、壮观的第一印象和丰富垂直方向上的空间层次（图 2-2-20）。结合回廊，有时还常利用扩大楼梯休息平台和不同标高的挑平台，布置一定数量的桌椅作为休息交谈的独立空间，并造成高低错落、生动别致的餐饮室内空间。由于居高临下，挑台提供了丰富的俯视视角环境，现代餐饮建筑空间中的大堂或中庭许多是多层回廊挑台的集合体，并表现出多种多样的处理手法（图 2-2-21）。

图 2-2-20　法国某剧院餐厅回廊与挑台空间

图 2-2-21　回廊与挑台空间

（6）交错、穿插空间。现代餐饮空间设计早已无法满足人们对封闭六面体和静止空间形态的习惯，常把室外的城市立交模式引入室内，在大量群众就餐的集合大厅等场所中使用。交错、穿插空间形成的水平、垂直方向的空间流通，具有扩大空间的效果（图 2-2-22）。在这样的空间中，人们上下活动，交错川流，俯仰相望，静中有动，不但丰富了餐饮空间室内景观，也给室内环境增添了生气和活跃的气氛。

图 2-2-22　餐厅中的交错与穿插空间

（7）子母空间。子母空间是在原空间（母空间）中，用实体性或象征性手法限定出的子空间。在餐饮的大空间中就餐有时会感到缺乏私密性，空旷且不够亲切；而在封闭的小房间虽避免了上述缺点，但又产生许多不便和沉闷的感觉。在大空间内围隔出小空间，这种封闭与开敞相结合的办法可使两者兼得。因此，在一些餐饮环境中经常采用子母空间（图 2-2-23），这种强调共性中有个性的空间处理，强调心(人)、物(空间)的统一，是餐饮空间设计的一大进步。但如果处理不当，有时也会失去公共大厅的性质或分

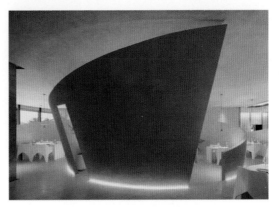

图 2-2-23　餐厅中的子母空间

隔得支离破碎，所以，按具体情况灵活运用是子母空间设计的关键。

（8）共享空间与私密空间。从空间使用性质上分类，空间有共享空间与私密空间两种。共享空间是餐厅设计的常见形态，通过将不同功能区域合并到一个开放空间当中，以提高空间的使用效率和互动性。恰当地融汇各种空间形态，可以说是一个运用多种空间处理手法的综合体系，常常成为餐饮空间的交通枢纽（图2-2-24）。私密空间表现为身处其中的任何人，都不会被外界观察到或注意到，如餐饮空间的包房、娱乐空间的包房等（图2-2-25、图2-2-26）。

图 2-2-24　与楼梯结合的共享空间　　　　图 2-2-25　海鲜火锅餐厅包间　　　　图 2-2-26　中餐厅的私密包间

（9）虚拟或虚幻空间与实体空间。空间从确定性上可以划分为虚拟或虚幻空间与实体空间。虚拟空间是指在界定的空间内，通过对界面进行局部的变化而再次限定空间，或依靠图形和色彩的联想来划分的空间。例如，局部升高或降低地坪或天棚，或以不同材质、色彩的平面变化来限定空间等（图2-2-27）。虚幻空间是通过玻璃镜面镜像所形成的视觉空间，这种虚像把人的视线带到镜面背后的虚幻空间去，产生空间扩大的视觉效果，有时通过几个镜面的折射，把原来平面的物体造成立体空间的幻觉。因此，餐饮室内特别狭小的空间，常利用镜面来扩大空间感，并利用镜面的幻觉装饰来丰富餐饮环境。除镜面外，有时室内还利用有一定景深的大幅画面，把人们的视线引向远方，造成空间深远的意象（图2-2-28、图2-2-29）。

（10）悬浮空间。在空间局部的垂直面上悬吊或悬挑出小空间凌驾于半空中，形成悬浮空间。这种空间较具有趣味性，是打造空间亮点的方式之一（图2-2-30）。在餐饮空间中，经常通过工艺造型、卡通造型、主题元素、几何形体、灯具、织物等结合吊顶形成悬浮空间（图2-2-31～图2-2-33）。

图 2-2-27　利用营造室内流动山水的空间氛围，打造虚拟空间　　　　图 2-2-28　利用顶界面反光扩大室内空间

图 2-2-29　室内空间设计使用"借景"
并营造"景深"效果

图 2-2-30　悬浮空间

图 2-2-31　工艺吊
顶形成的悬浮空间

图 2-2-32　餐厅中的悬浮空间

图 2-2-33　餐厅中的几何形态吊顶，
营造"悬浮"视觉效果

（11）心理空间。心理空间可分为动态空间和静态空间。动态空间可以借助电动扶梯、喷泉、瀑布、变化的灯光等，在空间中形成"动态"效果（图 2-2-34）。动态空间还可通过不同的形体变化和色彩的多样性变化（图 2-2-35），利用视点的移动所产生的韵律和变化形成。静态空间是与动态空间相对而言的，利用限定性的语言来展现，如采用垂直式、水平式的构图，不采用倾斜型和流线形的动态空间语言。

图 2-2-34　通过变化
的灯光营造视觉上的
"动态空间"

图 2-2-35　造型的流动性增强空间的动态视觉效果

（二）餐饮空间分隔类型与方式

餐饮空间的分隔是指通过一定的物理手段，将餐饮空间划分为不同的区域，以适应不同的活动需求。分隔的方式可以是多样的，如通过吊顶、墙面、软隔断、通透隔断、矮墙、灯具等来进行空间的分隔。这种分隔能够使顾客在享受餐饮服务的同时，感受到整个餐饮空间的氛围和特色。因此，空间的分隔不是简单地用界面分割成各自独立的区域，而是对整体空间进行有机规划后的分隔。

（1）餐饮空间的分隔一般构成虚拟空间，分隔时不能平均对待，要有主从关系，达到空间形象统一，有层次感。分隔空间的分类依据分隔方式而定，按分隔的程度可分为以下几类：

①绝对分隔。绝对分隔是指用建筑的结构（承重墙体、到顶的轻质墙体）等限定空间，这些限定物体的高度通常都很高，能遮挡人的视线（图2-2-36）。这样的分隔方式具有封闭性强的特点，保证使用空间少受外界的干扰，通常用在建筑内部各功能之间的分隔，如餐饮空间中前厅和厨房的划分等（图2-2-37）。

图2-2-36　空间中的绝对分隔　　　　　图2-2-37　餐厅前厅和厨房的绝对分隔

②局部分隔。局部分隔是指用不到顶的物体进行空间的限定，相对绝对分隔来说，降低了限定物的高度，可以用较矮的墙体或较高的家具等（图2-2-38、图2-2-39）。这样的分隔方式具有一定的空间隐蔽性，既能满足使用者的私密性，又能保持其与外界环境的交流。

③象征性分隔。象征性分隔是不需要任何实体构件，使用不同的材料、色彩和图案来实现的。这类分隔方式的限定程度没有前两者高，只是具有象征性和点缀性的意味，可以为人感知，但不影响声音、现实、交通的阻碍。象征性分隔注重空间给人的心理和视觉感受，由于其尺度不大，所以容易形成亲切温馨的感觉，并能在分隔空间时，加强空间的装饰效果（图2-2-40、图2-2-41）。

图2-2-38　利用家具局部分隔空间　　　　图2-2-39　立面设置隔断进行空间局部分隔

图 2-2-40　利用地面铺装与装饰变化达到分隔功能
区域的效果

图 2-2-41　餐厅利用柱体达到
隐形分割效果

④弹性分隔。弹性分隔是指用一些灵活式的限定物，如可以拆装或任意组合的隔断、家具或陈设品（图 2-2-42），在就餐区设置活动隔断，可以根据就餐人数灵活组织空间。这些分隔物会随着功能的变化而改变位置，其灵活性是前几者所不及的，在应急的时候使用非常方便，造价经济实惠，是很多公共空间必备的设计方式。

图 2-2-42　利用活动隔断实现空间中的弹性分隔

（2）空间分隔将一个连续的空间划分为若干个小的、相对独立的空间，以实现更有效地利用空间，同时满足不同的功能需求和心理需求。具体到分隔的方式有很多种，包括但不限于以下几种：

①建筑构件分隔空间。从功能、使用者心理等角度来看，顾客有公共性、私密性和半私密性的餐饮空间需求。雅座临窗靠边而设，散席处于中间，包房完全封闭，分别适合不同人的需要，而增设这种氛围的营造，可通过餐饮空间室内的建筑构件分隔形成（图 2-2-43）。列柱或柱廊，有支撑承重的作用，也有一定的象征或装饰作用，不同的列柱，因材料和装饰纹样等的不同表现为不同的观赏价值及艺术价值（图 2-2-44）；矮墙隔而不断，既表明空间所属，又具有通透性；栏杆因为材料是铁艺、木质或玻璃的，表现为不同的触感和视觉感受，带给人光滑、粗糙、粗犷、传统等不同感受。

图 2-2-43 利用半墙分割空间中的散座区

图 2-2-44 印度餐饮空间中的装饰柱

　　楼地面局部的升高形成台地和下沉形成的凹地，也起到分隔空间的作用（图 2-2-45、图 2-2-46）。有些大堂，将休息区设计成下沉的形式，使其少受人流影响，有"闹中取静"的效果（图 2-2-47）。利用顶界面的局部升高或降低，也能将空间相对独立，餐厅中也经常用伞罩覆盖成一个虚拟空间，再设以局部照明，突出了该就餐区域。用抬高局部底面的手法，从周围底面分离出来的空间，具有外向性、展示性，可用来突出重要的空间。地面下沉所形成的空间，相对于周围环境具有内向性，宁静而亲切；由于下沉产生一定的遮蔽，该空间可给人以心理上的庇护感。

图 2-2-45 餐厅角落
升高，形成空间中的
高差分隔

图 2-2-46 局部升高形成的台地分隔

图 2-2-47 餐饮空间大厅
区域的局部下沉

　　②装饰物分隔空间。餐饮空间中的装饰物包括隔扇、屏风、花瓶、绘画、雕塑及日常生活物品（如帷幔和挂饰）等，将它们组合起来，结合植物、家具、灯具和其他室内陈设品及装饰构件能够

分隔与营造餐饮空间（图2-2-48）。屏风有独立的、折叠联立的和固定的，常用中国山水、花鸟画的风格进行装饰，结合髹漆、螺钿、掐丝、镶嵌、雕花等传统工艺制作，艺术价值很高，可以成为视觉中心，并且可以用来遮蔽空间（图2-2-49）。挂饰，如水晶、塑料帘、竹帘等，其材质具有晶莹、自然和质朴的特点，透过光线的变化能够带给环境更多的情趣和意境。例如，透空的花架、低矮的植物等是常见的空间分隔实物，既带有功能性，又能作为半开放式的隔断，使被分割的空间相互渗透。象征性分割的代表性陈设品有帷幔、布帘。以帷幔为例，其质感有轻有重、纹理有细有粗、色彩有花有素，是餐饮空间中常用的分隔物（图2-2-50），这种带有一定活动性的分隔手段具有装饰性。再如空间分隔类型中的弹性分割，使用屏风、推拉门、升降帘幕等其他可移动的室内陈设对空间进行可变性的分隔，这种分隔形式灵活性强、简单实用（图2-2-51、图2-2-52）。

图2-2-48 利用中式元素打造中式禅意空间　　　　　图2-2-49 屏风装饰进行的遮挡分隔

图2-2-50 利用帷幔进行的灵活性分隔

图2-2-51 可变空间　　　　　　　　　图2-2-52 灵活空间

③家具分隔。家具对人们的行动流线有一定的引导性，其在空间中所处的位置影响空间布局和分隔状况。一般来说，家具的位置有以下几种：

a. 周边式，即家具沿四周墙布置，中部空间满足不同的活动需求（图2-2-53）；

b. 中心式，即家具被设置在中心，形成了对周围空间的支配，活动流线绕其四周；

c. 单边式，即家具被集中在一侧，使用区和交通区分开；

d. 走道式，即家具被置于空间两侧，中间留出交通区（图2-2-54）。

图 2-2-53　周边式家具布置

图 2-2-54　走道式家具分隔

④自然景物分隔空间。自然景物中的山石、水体、植物等，不仅能够满足层次丰富的要求，将空间分割成小组织空间，还能改善室内气候环境，同时，使室内空间呈现生机盎然的景致（图2-2-55）。利用水体分隔空间，石景组成假山，散石形成视线遮挡，线状花槽及树墙组织空间，达到有点、线、面等多种形态（图2-2-56）。

图 2-2-55　利用绿隔断进行分隔

图 2-2-56　绿植隔断在餐饮空间中的形态

知识拓展

中式餐厅景观营造

　　中式餐厅中的景观营造，主要依赖于中国传统的园林造景手法。这种手法注重自然与建筑的和谐统一，强调"虽由人作，宛自天开"的理念。餐厅中常用的设计元素有亭子、廊、假山、石井、小桥、流水、青竹、花木等，以营造出诗情画意的氛围；常用植物有松、竹、梅、桂花、海棠等，传递寓意，同时也是利用植物的高低、颜色、气味等特性，形成分隔空间的隔断，或组织餐饮区的围合，或作为交通引导，或成为空间中集中的观赏风景，创造出丰富的空间层次和感知效果。再利用书法、绘画、陶瓷等艺术装饰来提升空间的文化内涵，巧妙地融入景观中。通过这些营造一个宜人的就餐环境，顾客在品尝美食的同时，也能享受到中式园林的韵味和美感。

中式餐厅室内景观案例图

二、餐饮空间风格与家具形式

（一）中式餐厅风格

　　中式餐厅风格通常以中国传统风格为基调，融入现代设计元素，这种风格强调对细节的关注，从装饰、照明、家具到空间布局，都体现了中国传统文化的精髓。中式餐厅的室内设计融合了庄重与优雅双重气质，空间上讲究层次，多用隔窗、屏风来分割，天花以木条相交成方格形，上覆木板，也可做简单的环形的灯池吊顶。家具陈设讲究对称，多选取中国传统的家具形式，尤以明清家具的形式居多，重视文化意蕴；配饰擅用字画、古玩、卷轴、盆景，精致的工艺品加以点缀，更具有文化韵味。中式餐厅风格流派通常包括以下几种：

　　（1）传统中式风格。传统中式餐厅的布局通常采用对称方式，以中心点为基础，左右对称，呈现出庄重和谐的氛围。同时，注重空间的层次感，通过屏风、隔断等方式将室内分隔成不同的区域，空间更加丰富多样。传统风格注重传统元素的运用，如木质家具、红色主调、中国画和陈设等，给人一种亲切和温暖的感觉，让顾客更好地感受到中华文化的魅力。色彩以红色、黄色、棕色等暖色调为主，给人以温馨、舒适的感觉，也运用黑、白、灰等颜色，以强调空间的层次感和对比度。室内软装多使用中国画、书法、对联、剪纸等，也多用中国传统图案纹饰装饰空间各界面，在灯具选择上多用宫灯、纸灯笼等，以增强空间的中国传统文化氛围（图 2-2-57、图 2-2-58）。

图 2-2-57　整个空间及装饰高度还原中国古建筑及室内装饰场景

图 2-2-58 将灯饰、家具进行还原，并运用现代设计手法加以调整

（2）中式宫廷风格。中式宫廷风格是一种传统的餐饮风格，气势恢宏、高空间、大进深，造型讲究对称，一般用于高档餐厅、酒店或高档餐饮场所。中式宫廷风格的餐厅通常采用富丽堂皇的装饰和陈设，强调细节处理和品质追求，注重金碧辉煌的装饰和华丽的摆设，追求豪华、奢侈和高雅，常采用喷金工艺和繁复的花纹，给人一种豪华和庄重的感觉。色彩上多用红、黄、金等鲜艳的颜色，以营造出富丽堂皇的效果。家具多采用硬木材质，如紫檀、红木等，雕刻精细，造型别致。同时，餐厅内还会摆放古董、字画等艺术品，以增加文化底蕴和艺术气息（图 2-2-59、图 2-2-60）。

图 2-2-59 运用古典中式元素装饰空间

图 2-2-60 将中国古代建筑、图案元素运用于空间装饰

（3）现代中式风格。现代中式风格是一种将传统中式元素与现代设计手法相结合的风格。这种风格通常采用明亮的色彩搭配、简洁的线条和流畅的空间布局，在注重简约和舒适氛围的同时，又保留了中式文化的精髓和韵味，给人一种清新和时尚的感觉，深受年轻消费者喜爱。现代中式风格在布局上注重空间开放且通透性强，通过家具的布局和摆设，强调空间的层次感。色彩以中性色或柔和的色调为主，避免过于浓重的色彩。材质多采用天然材料，强调自然、质朴的感觉，或运用现代材料，如玻璃、金属等，以增加现代感。装饰运用传统文化元素，如中国画、书法、对联等，但这些元素通常会以简约、现代的方式呈现，并运用灯光、镜面等现代设计手法，在保留中式文化的精髓和韵味的同时，为顾客提供一种新颖、别致的就餐氛围（图2-2-61）。

图2-2-61　新中式禅意美学空间

（4）中式自然风格。自然风格是一种将自然元素融入餐厅的设计风格，注重营造自然、清新、舒适的氛围，近年来比较流行。自然风格注重自然元素的运用，如木质、石材，以及绿植、花卉等，以强调与自然的亲近感、和谐感，使顾客能够更好地放松身心，享受美食。布局注重空间的开放性和通透性，以营造出宽敞、明亮的用餐环境（图2-2-62）。色彩以自然色调为主，如棕色、米色等，营造出温馨、舒适的氛围。同时，也运用一些鲜艳的色彩，如绿色、蓝色等，以增加活力和生机。装饰多运用自然元素，如石头、竹子、水景等，以强调与自然的融合。

图2-2-62　中式自然风格的中餐厅

（5）创意风格。创意风格强调创新和个性化，突破传统中式风格的限制，展现出更自由、更灵活的设计手法。创意风格打破传统空间划分，餐厅布局注重空间的灵活性和互动性，营造更加开放、通透的用餐环境。同时，会运用创意家具和艺术装置，如不规则的桌椅、立体装饰等，以增加空间的趣味性和独特性。色彩上运用对比色、撞色等手法，营造出充满活力的氛围。以更现代和更创意的方式运用传统装饰元素，如通过立体装饰、灯光效果等手法，打破传统的平面装饰，同时叠加一些现代艺术元素，如抽象画、现代雕塑等，以增加空间的艺术气息。独特的设计理念和装饰品将成为吸引顾客的亮点，给人一种新奇和惊喜的感觉，能够为顾客带来不同寻常的用餐体验（图2-2-63、图2-2-64）。

图 2-2-63　国潮氛围餐饮空间

图 2-2-64　具有市井风味的火锅串串餐馆

知识拓展

中国传统元素的设计应用方法

（1）直接运用：利用具有代表性的传统元素作为室内装饰符号，可以提升室内设计的文化品位。注意不宜过分装饰，造成喧宾夺主的效果。

（2）简约抽象法：解构传统元素，在组合、改造过程中对传统元素进行主题提炼，专注内涵表达，将内在神韵充分表现出来，以现代人的艺术审美观进行室内风格设计。

（3）科学移植：以中国传统元素的原始形态为出发点，尽可能在保留原有结构的基础上，以现代装饰手法表现，进行色彩和局部材料替换，或各种传统元素进行组合。

（4）多角度重构：抽取传统元素提取符号，通过简化、夸大或抽象，以交错、对比等形式重新构建新的装饰作品。在此过程中应该善于突破传统元素的不足，以现代工艺技术重构传统元素。

中国传统元素在餐饮空间中的运用

（二）中式家具

现代文化背景下的餐饮室内设计更趋向于整体"空间"的塑造，关注空间与人的行为关系，注重整体空间氛围的营造。同时，由于家具面广、量大，常常成为餐饮空间中重要的视觉要素，是影响整体室内风格的主导因素。因此，在室内设计的初级阶段应对家具的选择与设计进行充分的考虑。一般而言，家具的形式和色彩基本决定了餐厅装修设计的基调。

（1）中式家具发展。中国古代家具以木材制作为主，很难长期保存，因此，宋代以前的家具存世极少，现如今传世的多为明清两代所作。从墓葬及出土实物来看，中国古代家具的发展大致可分为以下几个阶段。

①商周时期：已产生了几、榻、桌、案、箱柜的雏形（图2-2-65）。

②秦汉时期：为了生活的方便，家具开始出现，床得到普及，橱、隔断、椅具等也开始出现。由于人们以跪坐方式为主，因此家具很矮。

③魏晋时期：胡人垂足而坐的习惯逐渐影响汉人，家具尺度加高。

④隋唐时期至五代：家具已经逐渐由席地而坐过渡到垂足座椅，家具类型已基本完善（图2-2-66）。

图2-2-65 铜俎

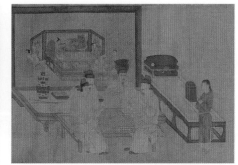

图2-2-66 五代 床、案、榻、棋桌、屏风

⑤宋代：无论桌椅还是围子床，造型皆是方方正正、比例合理的，并且按照严谨的尺度，以直线部件榫卯而成，使其外观显得简洁疏朗。

⑥明代：民间家具传承宋代的洗练单纯，多以古朴大方著称。重视使用功能，基本上符合人体科学原理，造型优美，比例和谐，重视天然材质纹理的表现，没有多余冗繁的不必要的附加装饰（图2-2-67）。

⑦清代：清代家具趋于华丽，重雕饰，家具造型宽大，体态凝重，并采用更多的嵌、绘等装饰手法，加入吉祥内容的寓意，制作技术达到炉火纯青的程度（图2-2-68）。

图2-2-67 明代 紫檀木南官帽椅

图2-2-68 清代 雕花罗汉床

（2）中式家具的类型和特点。中式家具气势恢宏、装饰华贵，造型讲求对称，色彩讲究对比，材料以木材为主，一般可分为明式家具和清式家具两大类，图案多为龙、凤、龟、狮等，装饰细节注重精雕玉琢（图 2-2-69）。

图 2-2-69　传统中式家具

（3）新中式家具的类型和特点。新中式家具保留了传统中式家具的意境和精神象征，摒弃了传统中式家具的繁复雕花和纹样，多以线条简练的家具为主，将中国的传统家具与现代审美结合，形成新中式家具（图 2-2-70）。

图 2-2-70　新中式风格家具

知 识 拓 展

中国传统家具

　　由于"礼"在华夏人的意识和日常生活中扮有重要的角色，因此生活家具和礼仪家具有很大区别，前者简朴，后者竭尽所能精美。中国传统家具是一门审美艺术，大到床、几、案、榻，小到餐盘、雕饰，都蕴藏着中国人对于文化及生活的理解。了解中式家具，即能了解历史、了解文化，从而更好地思考设计。

中式家具赏析

任务五　项目实施

　　设计提示：设计需要从顾客需求、餐饮文化、企业形象、空间功能等方面综合考虑，确定中餐厅室内设计。在尊重原有建筑结构的基础上，根据经营定位，规划功能分区与布置、餐座方式，以及室内空间环境，营建出富有中式格调的就餐环境（表 2-2-1）。

表 2-2-1　建议功能区

区域			功　能	设计要点
公共区域	前厅	出入口	室内外过渡空间，奠定餐厅基调	可相邻也可分开设置；注意外卖人员和客人流线交叉不宜过多
		接待台、收银台	提供结账服务，兼顾餐品展示	
		外卖配送台		
	用餐区域	散座、卡座、包间	提供舒适的就餐体验	根据餐厅定位，合理布置餐座数量比例，满足最大收益
		表演舞台		
	配套区域	卫生间、通道	通道：人流疏散及空间分隔	根据就餐类型、人数确定蹲位数量
后勤区域	后厨区域	食品制作间、消洗、库房		餐厨比做到 1:3，注意送餐流线，避免交叉。厨房由专业公司设计
	办公区域	经营管理		结合空间面积、就餐类型、餐厅定位合理规划
	员工服务	更衣、休息		

　　注：可以根据实际需要添加、删减或合并于同一空间

中餐厅主要功能区设计要点

餐饮空间常用家具图例及尺寸类型

● **实训任务书示例**

中餐厅室内设计项目实训任务书

一、实训目的

（1）能够结合并灵活运用空间分隔手法，合理规划室内空间及动线，营造多重空间体验。

（2）了解室内家具风格，能够合理布置室内家具。

（3）能够主动挖掘传统文化元素，并合理运用于空间装饰。

二、实训内容

（1）设计内容：独立完成中餐厅室内设计。

（2）设计背景：该餐厅位于某市历史文化街区，主要经营当地特色菜，城市及历史文化背景可自拟。在原始建筑结构基本不变的情况下，对餐饮部分进行空间规划。室内原始平面图如图 2-2-71 所示，层高 5 米、门洞高 2.1 米，建筑结构框架如图 2-2-72 所示。

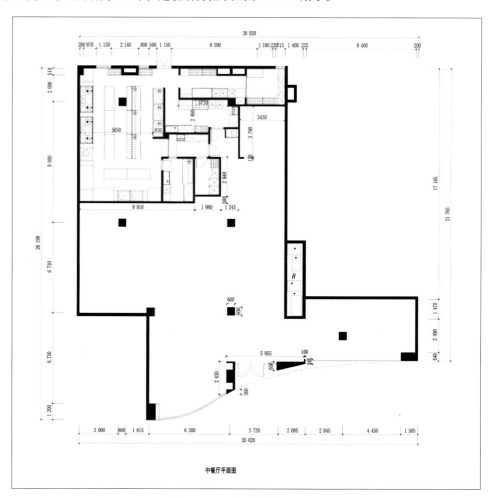

图 2-2-71　室内原始平面图

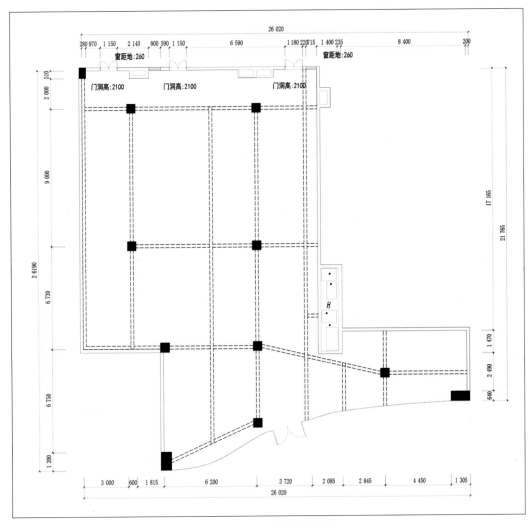

图 2-2-72　建筑结构框架

三、实训课时建议

实训课时建议见表 2-2-2。

表 2-2-2　实训课时建议

实训模块		主要内容	建议课时
模块一	专业基础及手绘构思设计方案	（1）完成调研分析PPT； （2）手绘初步空间布局方案及分析图多张，包含室内功能分区餐座类型、空间形态、空间分隔等； （3）手绘室内家具草图多张	6学时
模块二	效果图、平面图绘制	（1）CAD绘制平面图1张、顶棚图1张； （2）完成体现室内空间形态和分隔的效果图2~3张； （3）完成中式家具选型及家具详图1张	4学时
模块三	整图展示	（1）编写300字以上设计总说明（设计前期分析、设计定位、空间形态与空间分隔设计、创新亮点等）； （2）将前期图纸排版汇总于统一的A2展板	2学时

中餐厅家具物料书

四、实训要求

实训要求见表2-2-3。

表2-2-3 实训要求

主题中餐厅软装汇总清单

职业功能	项目实施内容	技能要求	相关知识要求
概念设计	规划空间平面布局	1. 以手绘草图方式表达空间概念设计; 2. 能够灵活进行空间形态设计并运用不同形式分隔空间; 3. 能手绘整体平面图与空间设计方案图	1. 空间形态类型; 2. 空间分隔与限定; 3.《饮食建筑设计标准》(JGJ 64—2017)
方案设计	方案表现	1. 能用数字化设计软件自主绘制效果图、施工图; 2. 能根据施工工艺、构造与材料特征自主绘制主要材料的构造大样	1. 计算机辅助设计软件; 2. 人体工程学中人与家具及室内空间的尺度知识; 3. 装修材料数据参数与构造的施工工艺; 4.《饮食建筑设计标准》(JGJ 64—2017)
	家具选型	能根据餐厅定位自主搭配或设计适合的家具并进行软装搭配	《定制家具 通用设计规范》(GB/T39016—2020); 软装设计方法
方案展示	展板表现	能结合创意设计构思做到版式美观、主题明确,且图文之间做到条理分明,清晰表达设计内容	计算机图像图形编辑、排版软件(如ID、AI等)、色彩知识

五、工作任务评价与总结

(一)评价反馈

介绍任务的完成过程,展示前应准备阐述材料,并完成评价表。

(1)自我评价:针对方案,结合任务书评价标准、职业技能等级要求进行自评。认真思考不足,总结经验和方法(表2-2-4)。

表2-2-4 学生自评表

评价内容	评价标准				
	A 90~100分	B 80~90分	C 70~80分	D 60~70分	E 0~60分
理论知识(40%)					
实践技能(60%)					
不 足					

（2）展示互评：展示所有方案并进行5分钟阐释，由班级同学进行互评（表2-2-5）。

表2-2-5　学生互评表

评价内容	评价标准				
	A 90~100分	B 80~90分	C 70~80分	D 60~70分	E 0~60分
空间功能布局是否合理（20%）					
空间形态表现（10%）					
空间分隔与限定（20%）					
家具设计与选用是否合理（10%）					
制图是否规范（15%）					
方案表述是否条理清晰（10%）					
软装搭配是否具有一定审美性（15%）					

（3）师生综合评价：将前两项评分填入表格，并完善表格其他内容（表2-2-6）。

表2-2-6　师生综合评价表

个人评分	生生互评	专任教师评分	企业教师评分
教师意见或建议			

注：该表格中各项内容分值占比，各教师可依据实际情况设定，相加后获得该项目的综合得分。

（二）总结提升

针对学生互评和教师评价，总结本次项目还可以进一步优化之处。

单元测验

项目三 西餐厅室内设计

学习目标

知识目标

1. 掌握室内空间界面设计的基本方法；

2. 掌握餐饮空间门头及外摆区的设计方法；

3. 掌握空间室内外环境氛围营造的方式与方法。

能力目标

1. 能够对餐厅室内各界面进行设计；

2. 能够结合餐厅定位、主题对餐厅门头及出入口外摆进行合理设计；

3. 能够合理使用不同元素营造空间环境氛围。

素质目标

1. 培养室内空间设计审美与鉴赏力；

2. 培养综合运用不同元素丰富空间表现力的能力；

3. 培养团队沟通与协作的能力。

任务一　项目导入

一、背景分析

　　西式餐厅泛指以品尝国外饮食，体会异国餐饮情调为目的的餐厅。通常所说的西餐不仅包括西欧国家的饮食菜肴，同时还包括东欧各国，也包括美洲、大洋洲、中东、中亚、南亚次大陆及非洲等国的饮食。西式餐厅与中式餐厅的最大区别是以国家、民族的文化背景造成的餐饮方式的不同。其按西式的风格与格调并采用西式的食谱来招待顾客，可分为传统主题和地方主题特色西餐厅及综合、休闲式西餐厅。西餐厅既是就餐的场所，也是社交的空间。所以，淡雅的色彩、柔和的光线、洁白的桌布、华贵的线脚、精致的餐具，加上宁静的氛围，共同构成西餐厅的特色（图 2-3-1、图 2-3-2）。因此，西餐厅的室内设计需要重点掌握西式餐饮空间的风格、家具、空间布局等特点，并准确把握整体氛围。

图 2-3-1　以流线型围合形式划分空间整体区域的现代西餐厅

图 2-3-2　南法风西餐厅

二、项目概况

　　该项目坐落于某城市商业中心一层，餐厅西、北两面各有出入口，联系外部商业街区道路，室内层高 6.0 米、外门高 2.4 米。现根据市场定位，结合餐饮习惯，设计一特色西式餐厅，包含门厅、吧台、休闲交流区、餐饮区、备餐区等，同时，需要考虑出入口设计及外摆就餐区域的布置，结合外部环境形成微景观休闲就餐区，满足顾客室外交流、就餐、休闲等需求（图 2-3-3、图 2-3-4）。

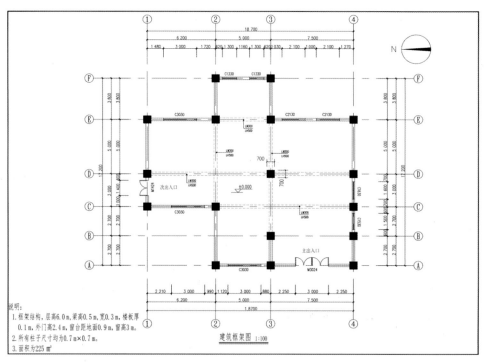

图 2-3-3　建筑框架图

图 2-3-4　基本空间模型示意

三、设计内容

（1）绘制西餐厅家具平面布置图 A3 横向（比例 1∶80～1∶100），有高差变化需要标明。

（2）绘制西餐厅顶棚布置图 A3 横向（比例 1∶80～1∶100），注明顶棚标高、尺寸及材料和布置灯具。

（3）绘制餐厅重点空间立面图（比例自拟，自行排版于 A3 幅面），2～3 张。

（4）西餐厅入口外立面（突出外摆区）及门头设计各 1 张（比例自拟，自行排版于 A3 幅面），要求符合餐厅主题，且应注明材料及尺寸。

（5）餐厅入口及其他重点展示区效果图 A3 各 1 张。

（6）编写室内设计方案说明（不少于 300 字）。

四、设计要求

（1）依据西餐厅菜品及用餐习惯进行室内设计。

（2）确定各功能区域面积，合理组织室内动线。

（3）家具及室内布置符合西方饮食习惯（厨房部分不做设计）。

（4）合理把握材质、光照、陈设、绿化及室内外景观的塑造，创造合理、舒适宜人的就餐环境。

（5）门头设计突出西餐厅风格，兼顾夜晚就餐情况。

（6）制图规范准确。

任务二　设计准备

一、项目调研

西餐厅项目调研准备如图 2-3-5 所示。

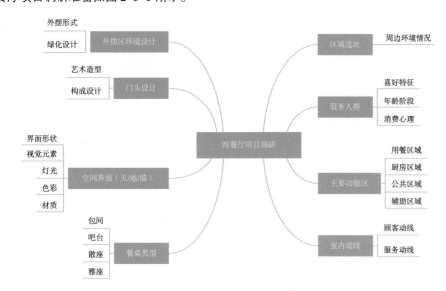

图 2-3-5　西餐厅项目调研准备

二、资料收集

（1）收集西餐厅室内设计案例，总结常见西餐厅设计特点。

（2）收集不同特色餐厅各界面设计案例，分析其界面处理方式及材质肌理选择。

（3）收集餐饮空间门头设计案例并学习设计表现手法。

任务三　知识导入

引导问题 1：观察案例中的餐饮空间室内各界面的设计，探讨界面中的造型、色彩、材质对空间尺度和心理感受的影响。

引导问题 2：说说让你印象深刻的餐厅门头设计并分析原因。

西餐厅界面设计案例

任务四　知识准备

一、室内界面设计

室内界面既是构成室内空间的物质元素，又是室内进行再创造的有形实体。室内界面的变化关系直接影响室内空间的分隔、联系、组织和艺术氛围的创造。因此，界面在室内设计中具有重要的作用。

从室内设计的整体观念出发，空间与界面是有机结合的存在，但在现实中人们使用和感受的室内空间通常是直接触摸到的界面实体。因此，界面设计从界面组成的角度又可分为底界面——地面、楼面设计，侧界面——墙面、隔断设计，顶界面——顶棚、天花设计三部分。设计需要考虑界面的造型、色彩、材质与质感设计，同时兼顾建筑室内的设施、设备，如界面与风管尺寸位置，灯具镶嵌设置，音控、报警灯设施接口关系等（图 2-3-6 至图 2-3-8）。

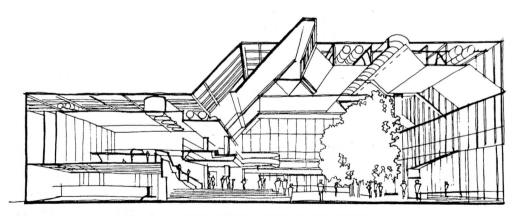

图 2-3-6　建筑剖视图中的顶界面与设施的协调处理

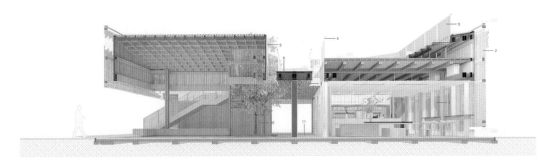

1.8Low-E+12A+8 mm超白中空钢化玻璃
2.3.0 mm厚白色折形穿孔铝单板
3.20x20 mm孔金属网
4.拉丝304不锈钢金属栏杆
5.60x30x2.0木纹铝合金格栅
6.防腐实木地板
7.50x30x2.0木纹铝合金格栅
8.白色铝板
9.深灰色铝板
10.10 mm厚高压热固化木纤维板
11.1 mx1 m水磨石面砖

图 2-3-7　某公共建筑节点剖面图

图 2-3-8　餐厅室内顶界面与灯具和设备出口的协调

（一）各类界面的共同要求

（1）耐久性及使用期限。

（2）耐燃及防火性能（现代室内装饰应尽量采用不燃及难燃性材料，避免采用燃烧时释放大量浓烟及有害气体的材料）。

（3）无毒（是指散发气体和触摸时的有害物质低于核定剂量）。

（4）无害的核定放射计量（如某些地区所产的天然石材，具有一定的氡放射计量）。

（5）易于制作安装和施工，便于更新。

（6）必要的隔热保温、隔声吸声性能。

（7）装饰及美观要求。

（8）相应的经济要求。

（二）室内界面处理形式

界面实体产生的室内空间为人所感受，各界面的设计直接影响室内空间整体效果。由地面、天棚、墙面及各种隔断围合而成的室内界面，需要在满足技术支持的前提下，综合地考虑室内环境、空间形状和视觉感受等，包括空间的采光、照明、材料、色彩，以及界面本身的形状、比例、图案、肌理等方面。

（1）顶界面。空间的顶面最能反映空间的形状及空间的高度，对遮盖原始结构、保证空间美观、强化室内空间秩序感、突出视觉重点起到很大的作用。设计者应根据空间立意构思，综合考虑建筑的原始结构、设备要求、技术条件等，来确定对顶界面的处理手段。同时，对于餐厅的顶界面，功能要求保暖、隔声、吸声、隔热等。

常规对顶界面处理方法是通过改变顶部高差关系，顶面局部升高或降低，有效区别下面空间变化（图2-3-9）；将顶面的造型、图案、色彩及质感做不同处理以区别空间（图2-3-10）；利用灯具及发光效果对顶面进行处理（图2-3-11、图2-3-12）。

图 2-3-9 利用顶界面高差变化　　图 2-3-10 利用界面材质　　图 2-3-11 灯具造型强化空间顶界面
　　　　　区别空间　　　　　　　　　变化区别功能空间　　　　　　　　的艺术表现

图 2-3-12 利用顶界面造型与光影变幻区别室内功能区域

（2）底界面。地面作为空间的底界面，以水平面的形式呈现，由于是最先被人视觉感知到，所以直接影响室内氛围。现代餐厅的底界面设计，应充分考虑空间的功能与性质，需要满足耐磨、防滑、易清洁、防静电等功能要求。

常规对底界面的设计，是通过改变地面的形状、材质、色彩等方式来划分的，空间会具有不同的功能和心理感受。例如，通过改变地面的材质、颜色划分空间，使用不同的瓷砖、木地板、地毯等材料，地面产生明显的视觉差异，使空间具有一定的独立性和辨识度（图2-3-13）；也可以通过抬高或降低底面高度区分区域，将一个大而平淡的餐厅划分为几个大小不同、形态各异、高低错落的空间组合，如提高雅座、包厢区域的地坪高度，降低散席的高度，将空间变得既流通又有变化，富有趣味性（图2-3-14）。

图 2-3-13　实木地板加鹅卵石地面组合及拼花大理石地板　　　图 2-3-14　空间局部区域地面抬高

（3）侧界面。作为围合空间的垂直形式，侧界面对人的视觉影响至关重要。侧界面有开敞和封闭两大类。开敞是指立柱、幕墙、大梁、门窗孔洞的墙体和多样隔断，以此进行的围合空间；由实体墙形成的围合空间为封闭空间。门窗为虚，墙面为实，门窗开口的组织实质上就是虚实关系的处理。只有将墙面中大至门窗，小至线脚、孔洞、细部装饰，作为统一整体且互相进行有机联系，才能获得完整且统一的装饰效果。侧界面的设计应综合考虑，如墙体结构、造型和各种设备等，最重要的是对于整体空间立意构思的完整贯彻，利用点、线、面、色彩、材质，选择适当设计手法，使整体达到呼应主题的效果。侧界面的功能要求是要阻隔部分视线，且需要较高的隔声、吸声，保暖、隔热功能。

垂直造型的形状直接影响空间装饰，墙面的形状、质感、纹样及色彩是室内侧界面处理最常用的方式，如结合门窗、孔洞形成虚实相交的丰富效果（图2-3-15、图2-3-16）；在餐厅的主立面上，通过图案产生肌理、凹凸变化，作为视觉重点构成立体墙面的装饰效果（图2-3-17）。

图 2-3-15　涂黑黄铜拱门的侧界面设计　　　图 2-3-16　虚实相交的餐厅半开放厨房界面设计

图 2-3-17 侧界面的肌理、凹凸变化

（三）室内界面的处理及感受

人们对室内环境气氛的感受，通常是综合的、整体的。视觉感受界面的主要因素有室内采光、照明、材料质地和色彩、界面本身的形状、线脚和图案肌理等。处理好空间的界面不仅可以赋予空间以特性，还有助于加强空间的完整统一。在餐厅界面的具体设计中，需要根据餐厅环境气氛、材料、设备、施工工艺等现实条件，在界面的处理中运用一定的设计手法，如显露结构体系与构建（图 2-3-18）；突出界面材料的质地与纹理（图 2-3-19）；界面凹凸变化造型特点与光影效果（图 2-3-20）；强调界面色彩（图 2-3-21）；界面上的图案设计与重点处理（图 2-3-22）。

图 2-3-18 餐厅保留原始扩建的钢结构和木板作为空间生长变迁的印证

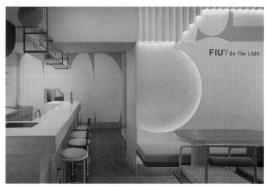

图 2-3-19 混凝土与金属波纹镜面在质感与纹理   图 2-3-20 界面的凹凸造型与光影
上形成鲜明对比

图 2-3-21　彩色被绘制在餐厅的墙面上　　　　图 2-3-22　界面设计的图案与重点处理

（1）材料的质地。不同质地和表面加工的界面材料，带给人不同的感受。根据特性材料的质地可分为天然材料、人工材料、硬质材料、柔软材料、精致材料、粗犷材料。例如，平整光滑的大理石给人整洁、精密之感；木材、竹、藤等天然材料给人自然、亲切之感；具有斧痕的假石给人有力、粗犷之感；全反射的镜面材质给人未来及高科技之感（图 2-3-23）。由于色彩、线形、质地之间具有一定的内在联系和综合感受，又受光影等整体环境的影响，因此，上述感受也具有相对性。

图 2-3-23　不同材质给人不同的视觉与心理感受对比

①材料与空间性格相吻合。空间性格决定材料性格，材料性格影响空间气氛。如传统欧式浪漫的西餐厅，空间宜采用奢华、明亮、光滑的金属和玻璃，可以使人们感觉豪华、舒适、充满活力与激情（图 2-3-24）。

图 2-3-24　传统西餐厅

②材料的质感与距离、面积之间的关系。同样空间、同样材料的空间，当距离或面积不同时，材质给人的感觉也不同。镜面不锈钢金属的面积过大会因反射的区域过多而产生视觉上的凹凸不平感；若将其作为镶边材料，可显得光彩夺目（图 2-3-25）。

图 2-3-25　现代西餐厅及空间细节处不锈钢包边处理

③充分展示材质自身的内在美。天然材料具有天然的人类无法模仿的美，如材料的颜色、纹理、图案等，在使用天然材料时，要充分发挥其自然美的天性。传统的藤条编织手艺与灯条结合，具备半透明性和"轻"的状态，通高大厅中央由木制梁撑起，营造沉浸式亚热带风情，使顾客仿佛置身于原始茂密的雨林中（图 2-3-26）。

图 2-3-26　天然材料在空间中的运用与氛围营造

④材料与室内空间的使用要求要统一。餐厅的材料选择对于营造舒适的就餐环境和提供优质的用餐体验至关重要，餐厅的材料选择必须考虑安全性，包括对材料的防火性能、防滑性能和环保性能的考量。如餐厅作为商业空间，其材料必须能够承受大人流量的磨损，因此，在选择地面、墙面和天花板材料时，需要考虑其耐磨、耐压和耐冲击的性能。

⑤用材的经济性。尽量以最低的成本获得最佳的装饰效果。装饰用材应注意不同档次的合理搭配，不能一味使用高档材料。

（2）界面的线形。界面的线形是指界面上的图案、界面边缘、交接处的线脚及界面本身的形状（图2-3-27），它的花饰和纹样是餐厅室内设计艺术风格定位的重要表达语言。

图 2-3-27　装饰造型、界面边缘及线脚形成线形

（3）界面的形状。界面的形状，较多情况是以建筑本身的结构构件、承重墙柱等为依托构成轮廓，形成平面、拱形、折面等不同形状界面；也可根据室内使用功能对空间形状的需要，脱开结构层另行考虑。例如，大型剧场、音乐厅的界面，近台部分需要根据几何声学的反射要求，做成反射的曲面或折面。除结构体系和功能要求外，界面的形状也可以按所需的环境气氛设计，如法式西餐厅，结合原始梁柱混乱无规矩的情况下，利用曲面将原始结构遮挡，以满足形成小型宴会功能的同时，达到浪漫氛围（图2-3-28）。

图 2-3-28　结合原始结构设计符合实际空间界面形状的吊顶、柱体，进一步强化空间风格与氛围

（4）界面的不同处理与视觉感受。室内界面由于线形的不同划分、图案大小的各异、色彩深浅的各样配置及采用不同种类材质，都会带给人不同的视觉感受。例如，线形划分与视觉感受，垂直划分感觉空间紧缩，水平划分会使空间感受更开阔（图 2-3-29）；顶界面深会使空间感受降低，顶界面浅色感觉空间增高（图 2-3-30）；石材、面砖、玻璃等的光面材质会使空间感觉挺拔冷峻，木材、织物给人较亲切之感。

图 2-3-29　垂直和水平线形界面在空间的应用

图 2-3-30　界面颜色深浅对空间视觉感受的影响

二、店面与门头设计

门面是出入餐厅的第一形象，也称"脸面"，最引人注目，它作为一个商店或企业的主要"外部标志"，很大程度上代表了其性质与特征，对整个店面的装饰起到"画龙点睛"的作用。门面设计是材料技术和艺术美学相结合的典范，美观、具有强烈个性和识别性的店铺门面，有助于提高门店经济效益。如图 2-3-31 所示的店面用该品牌的形象——两只吱丘鸟和鸟巢，以及较大体量的门头设计，占据整个外立面，将店铺门面最大限度融入公共街道。

图 2-3-31　门店外立面

（一）门面设计原则

（1）适合性。门面设计要准确体现商店的类别和经营特色，宣传商店的经营内容和主题，能反映商品特性和内涵。

（2）流行性。门面设计要随着不同时期人的审美观念变动，相应改变材料、造型形式及流行色彩搭配，以跟上时代的特征。

（3）广告性。门面设计要能起到广而告之的作用，起到宣传商店经营内容、扩大商店知名度的作用。可以利用橱窗、门头、灯箱、招牌、霓虹灯等装饰构成元素进行图案、文字和造型的设计，全面宣传商店及品牌。

（4）独特性。门面设计要做到与众不同、标新立异，使顾客看到店门就感受到心灵的震撼。要敢于使用夸张的形象和文字标题体现商店的独特风格。

（5）美观、生动性。门面设计要注意形象上的美观大方和生动性，注意色彩、光影等方面的和谐、生动感，要让顾客感觉自然、亲切。

（6）呼应性。门面设计要注意与周围所处环境相呼应，要因地制宜。

（7）经济性。门面设计要符合经济节省的原则，只要材料选择得当，符合自身特点，最终设计的门面一样布局精心、美观，不必一味追求豪华、奢侈。

（二）门面艺术造型手法及结构设计

门面设计的基础就是造型，造型好坏直接影响到整个门面的功能与审美。优秀、成功的门面设计应与被装饰的建筑本体特征、周围环境、商业性质等各方面求得协调和自然。

（1）门面造型设计基本手法。

①具象造型：从商店商品或主题中选择最具代表性的实物造型为素材进行设计（图 2-3-32）。

特点：直观易识、印象深刻。

图 2-3-32　结合商品主题的店面设计

②抽象造型：以几何形体或对其进行组合分割后的抽象形态进行造型设计（图2-3-33）。

特点：具有强烈的现代感、立体感和奇特感。往往搭配鲜艳的色彩，以强烈刺激受众人群的视觉来引起注意。

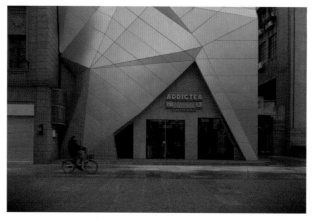

图2-3-33　几何形体门头造型

③综合造型：将具象与抽象造型结合进行设计（图2-3-34、图2-3-35）。

特点：给人以丰满、活跃感，产生华丽、厚实的视觉效果。

图2-3-34　活跃感较强的门面设计　　　　图2-3-35　具象造型的门面设计

（2）门面造型结构设计。除造型手法外，造型结构也十分重要，它是整个门面设计的立体感和整体感的重要因素。同时，还应考虑门头色彩和材质的选择，以增强造型的感染力，加深顾客的印象与记忆，对于传达餐厅的理念和主题都比较直接。门面的照明设计，应考虑光源与建筑环境之间的关系，根据建筑的外观样式来选择不同种类的照明，常用的照明灯具有灯箱、霓虹灯、射灯、筒灯、牛眼灯等（图2-3-36）。门面的装饰材料应尽量服从店面效果，从色彩、纹理、质感等多方面进行充分考虑、选择，并求得与周围环境和谐统一（图2-3-37）。考虑到经济性，应选择能够抵御外界自然现象的侵袭，且具有一定强度和刚度，不易变形、褪色、耐污染、易清洗的材料。

图 2-3-36 基于建筑外观及造型的照明设计

图 2-3-37 门面设计与室内风格相统一

①平面式：一种最为简单的结构形式。一般利用原有墙面铺垫底板，做出文字和平面装饰图案即可完成（图 2-3-38）。

特点：设计及施工都简单，用料少，成本低。

图 2-3-38 平面式结构门面

②立体式：目前采用较多的结构形式。一般在原建筑基础上向前或向左、向右搭建出各种立体造型的门头，使其高于原有建筑或增加一部分厚度（图 2-3-39）。

特点：结构形式较复杂，用料多，施工难度大，成本较高；但装饰气魄宏大、变化多，可充分运用众多辅助设计手段（如灯箱、射灯等），取得更加豪华的效果，有些也可以起到遮风挡雨的实用功能（图 2-3-40）。

图 2-3-39 立体式门面　　　　　　　　图 2-3-40 造型独特且具有一定实用
　　　　　　　　　　　　　　　　　　功能的立体门面设计

③叠层式：叠层式结构以两种或两种以上的立体形堆砌而成，上下、左右可形成若干个层次（图 2-3-41）。

特点：较前两种更为复杂，但富有层次感和韵律感，庄重豪华、气势雄伟。

图 2-3-41 多种立体形态组合的门面设计

（三）门面设计构图形式

无论采取哪种造型手法和结构，门面设计最终效果还要看它总体的布局（构图）。构图要具有合理性和艺术性，即确定以何种艺术布局来表现总体外观设计。

①对称式：表现构图平衡的一种基本艺术形式，也是生活中较为常见且易于接受的一种形式（图 2-3-42）。

特点：它给人以庄重和严肃的美感，是一种中规中矩的构图形式；但要把握好度，以免单调、乏味。

②平衡式：总体造型保持重心平衡的基础上，寻求局部小变化的方法（图2-3-43）。

特点：稳中有变、静中有动、富于活力。

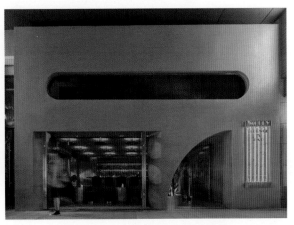

图 2-3-42　对称式门面设计构图　　　　图 2-3-43　平衡式门面设计构图

③沿缘式：充分利用原有建筑的一种构图方式，即利用原有建筑顶沿、墙边和屋檐及转角的自然结构与自身形状进行的构图设计形式（图2-3-44）。

特点：构图生动活泼、自由舒展，并与原建筑外形及风格浑然一体，受人喜爱（图2-3-45）。

图 2-3-44　沿缘式门面构图　　　　　　图 2-3-45　沿缘式咖啡餐吧

④自由式：这种方式不受原建筑约束，只考虑被装饰商店或企业自身的特点及内涵，独立进行构图。

特点：打造的效果个性突出，引人注目且印象深刻（图2-3-46）。

门头设计案例

图 2-3-46 个性突出的自由式门面构图

三、外摆区域环境设计

餐饮外摆设计是一种将室内餐饮空间延伸到室外的设计方式，根据餐厅的定位和目标客群，通过创意设计具有特色的主题外摆区。如图 2-3-47 所示的西餐厅，外立面选用可推开全玻璃折叠窗，对顾客完全打开，将室内外融为一体，给顾客带来独特的用餐体验，能增加顾客的好奇心和回头率。

图 2-3-47 图题改为西餐厅的外摆区

外部设计的要素有建筑形式、入口设计、招牌设计和座位区等。考虑到作为门店的外部空间，应合理利用空间，规划好入口、车辆和顾客行人，座位区和用餐区的关系，确保空间流畅、舒适（图 2-3-48）。同时，将外摆区与周围环境协调设计，合理利用周围景观、建筑和植物等元素，满足在外就餐顾客的视野和隐私，创造出一个和谐、安全、舒适的自然用餐环境。选择舒适、耐用且符合餐厅风格的座椅和桌子，确保外摆区的就餐方便和饮食卫生（图 2-3-49、图 2-3-50）。适当使用装饰和照明来营造氛围，同时可设计一些互动体验区域，如儿童游乐区、露天电影区或音乐演奏区等，增加顾客的参与度和黏性。

图 2-3-48 出入口与街道衔接

图 2-3-49 利用外摆设计遮挡视线

图 2-3-50 外摆与周围环境

总之，餐饮外摆设计需要考虑多方面的因素，从空间布局、装饰照明、互动体验到环保可持续性等方面都需要细致规划和执行。通过打造独特、舒适、有特色的外摆区，可以吸引更多的顾客，提升餐厅的品牌形象和市场竞争力。

全套西餐厅案例

知识拓展

（1）餐饮空间的绿化及植物的摆放。

（2）餐饮空间中绿化的作用。

餐饮空间的绿化设计及
植物的摆放

餐饮空间绿化的作用

任务五 项目实施

设计提示：不同餐厅类型其平面布局及空间要求不同。设计前需要了解西方餐饮文化及功能需求，设计特色室内空间。结合原有结构图纸，分析室内原始设计条件，确定主要出入口和主要功能区，对空间各界面进行优化处理，并合理进行外摆区及环境的设计（表 2-3-1）。

表 2-3-1　建议设计内容

区域	功能区	设计内容
用餐区域	餐厅、包间	就餐空间私密、半私密的围合手段及隔断设计，重点表现空间各界面设计
厨房区域	食品加工、备餐、洗消	由专业厨房设计公司提供
公共区域	门厅、等候区、收银台	门头设计、空间外立面表现
	外摆区	座位、环境设计
	公共卫生间	依据就餐人数设定蹲位［参考《饮食建筑设计标准》（JGJ 64—2017）］

注：可根据实际需要添加、删减或合并于同一空间

全国院校室内设计技能
大赛获奖作品

● **实训任务书示例**

西餐饮空间设计项目实训任务书

一、实训目的

（1）能够对空间内顶、侧、底界面进行设计。

（2）能够结合餐饮定位及空间风格，完成空间门头设计。

（3）能够选择合适的装饰材料。

（4）能够营造独特的室内外景观并用软件准确表现空间效果。

二、实训内容

（1）设计内容：某西式餐厅室内设计。

（2）设计背景：该项目坐落于某商圈，主要经营西式餐点。现业主要求整体空间风格为现代工业风，在现有室内平面布置的基础上，优化空间室内装饰设计，并且在弧线结构外围设计外摆区，也可对空间内部布局进行适当调整，以提高空间利用率。空间概况请参照平面图（图 2-3-51），层高4.8 米，外门高 2.4 米，梁高 0.5 米。

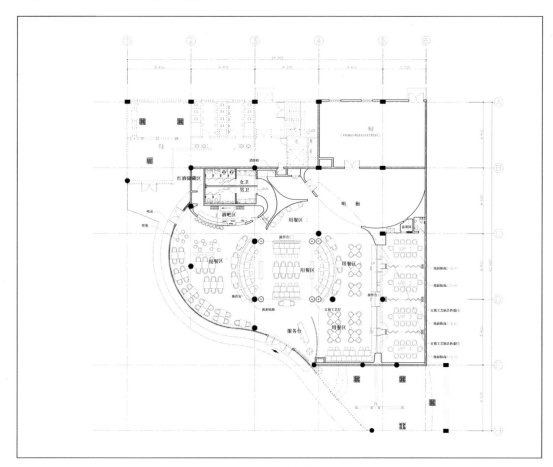

图 2-3-51　建筑框架图

三、实训课时建议

实训课时建议见表 2-3-2。

表 2-3-2　实训课时建议

实训模块		主要内容	建议课时
模块一	前期分析、构思设计方案	（1）确立餐厅定位，手绘初步构思、概念推导草图，并配以文字说明 100 字以上； （2）手绘设计分析图多张，包含优化后平面图、空间小稿等	2 学时
模块二	施工图绘制	（1）CAD 绘制平面图 1 张、天棚吊顶图 1 张、地面铺装图 1 张、立面图 5 张（包含主入口外立面、外摆区及重点区域）； （2）根据设计方案完成重点角度室内效果图 2～3 张	4 学时
模块三	方案展示	（1）编写 300 字以上总设计说明（设计前期分析、设计定位、设计构思、创新亮点等）； （2）将以上内容排于统一展板中	2 学时

四、实训要求

实训要求见表 2-3-3。

表 2-3-3　实训要求

职业功能	项目实施内容	技能要求	相关知识要求
方案设计	规划空间	1. 能够在原有方案基础上，准确了解餐饮定位进而完成平面布局优化设计； 2. 能够独立进行空间界面的细部设计	1. 室内空间界面设计； 2.《饮食建筑设计标准》（JGJ 64—2017）
	氛围营造	能够对空间界面、材料、绿化、灯光等进行综合设计	1. 装饰材料运用； 2. 空间环境绿化设计
	方案表现	1. 能够用数字化设计软件自主绘制效果图、施工图； 2. 能够根据空间界面效果自主选择合适、环保的材料	1. 软件应用； 2. 装修材料数据参数与构造的施工工艺
方案展示	编制设计成果及汇报文本	1. 能够自主编制方案设计成果汇报文本，做到条理分明、思路清晰； 2. 能够自主安排记录成果汇报	1. 计算机图像图形编辑排版软件； 2. 客户需求与项目相关业态知识

五、工作任务评价与总结

（一）评价反馈

介绍任务的完成过程，展示前应准备阐述材料，并完成评价表。

（1）自我评价：针对方案，结合任务书评价标准、职业技能等级要求进行自评。认真思考不足，总结经验和方法（表 2-3-4）。

表 2-3-4　学生自评表

评价内容	评价标准				
	A 90~100 分	B 80~90 分	C 70~80 分	D 60~70 分	E 0~60 分
理论知识（40%）					
实践技能（60%）					
不　足					

（2）展示互评：展示所有方案并进行 5 分钟阐释，由班级同学进行互评（表 2-3-5）。

表 2-3-5　学生互评表

评价内容	评价标准				
	A 90~100 分	B 80~90 分	C 70~80 分	D 60~70 分	E 0~60 分
室内外空间规划是否合理（20%）					
界面处理是否合理美观（20%）					
制图是否规范（15%）					
空间环境设计表现（15%）					
门头外立面设计是否美观，突出空间整体风格（20%）					
整体方案设计创新度（10%）					

（3）师生综合评价：将前两项评分填入表格，并完善表格其他内容（表 2-3-6）。

表 2-3-6　师生综合评价表

个人评分	生生互评	专任教师评分	企业教师评分
教师意见或建议			

注：该表格中各项内容分值占比，各教师可依据实际情况设定，相加后获得该项目的综合得分。

（二）总结提升

针对师生互评和教师评价，总结本次项目设计还可以进一步优化之处。

项目四 | 酒吧室内设计

学习目标

知识目标

1. 掌握餐饮空间色彩设计方法；

2. 掌握餐饮空间照明设计方法；

3. 掌握酒吧空间的综合表现手法。

能力目标

1. 能够独立完成酒吧空间室内设计；

2. 能够规范绘制空间施工图；

3. 能够合理运用色彩与灯光，营造空间氛围。

素质目标

1. 培养解决实际工程问题及逆向思维的能力；

2. 培养岗位技能及责任意识；

3. 培养敢于创新、勇于试错、不畏困难的精神。

任务一　项目导入

一、背景分析

中国酒吧发展历史

　　酒吧的诞生和发展伴随着西方现代文化的产生与发展，在现代文明的糅合下，很快风靡全球。经过不断的演变与发展，它不再局限于人们在累了的时候来此休息，同时，也不仅仅是人们喝酒的场所。现如今的酒吧，是人们精神的栖息地，是人们心情的调味品，是人们情感的避难所，是人们品位的推进剂。作为一种新生的娱乐文化形式，酒吧具有前卫和亚文化的双重符号色彩，它集中了年轻的人群，职业白领的数量比较大，娱乐与参与活动的形式也比较丰富，尤其是高度丰富了夜生活的内容。

二、项目概况

　　本案位于某城市社区内，空间设计需要融入当地文化，打造具有文化内涵与地域特色，且符合现代审美的社区中式休闲酒吧。酒吧除经营饮品外，还提供简单餐食。空间概况如图 2-4-1 所示，请根据原始建筑框架图对室内空间进行规划设计。

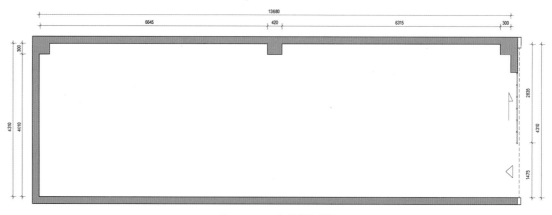

图 2-4-1　建筑框架图

三、设计内容

　　（1）项目调研并形成调研报告，以 PPT 呈现。

　　（2）绘制平面图（含天棚 4～5 张），符合制图规范。

　　（3）绘制酒吧内吧台区、卡座区主立面（2～4 张）。

　　（4）绘制酒吧主要空间效果图（2～4 张）。

　　（5）绘制相应分析图（人群需求分析图、交通流线分析图、功能区分析图）。

　　（6）室内设计方案说明（不少于 300 字）。

四、设计要求

　　（1）作品内容完整且满足行业规范、制图标准。

（2）空间布局合理，设施齐备，能够满足营业要求。

（3）根据酒吧经营特点，合理确定功能分区。

（4）合理组织酒吧室内动线，使动线便捷且避免交叉。

（5）突出社区酒吧特点，强调空间的个性化设计。

（6）尝试运用新技术新材料，突出空间设计的科技氛围。

任务二　设计准备

一、项目调研

（1）思考空间设计与选址的关系。

（2）根据选址分析其主要服务人群特征。

（3）了解酒吧设计的共性特点。

（4）分析酒吧室内设计与消费者心理需求的关系。

（5）分析该酒吧的主要功能区，以及各功能区使用的设计方法。

（6）分析酒吧空间的交通流线。

（7）针对酒吧内吧台或演绎舞台进行分析，解读其形态、材质、色彩等。

（8）列出所调研的空间中不满意的地方，尝试提出解决方法。

二、资料收集

（1）收集饮品店、休闲娱乐空间设计案例。

（2）收集国内外酒吧室内空间设计案例，分析共性特征与个性差异，尝试分析酒吧进入我国市场后所做出的本土化改变。

（3）收集色彩与灯光在室内空间中的相关设计案例。

任务三　知识导入

引导问题 1：分析案例中酒吧娱乐空间的设计风格及特征，总结酒吧设计色彩及灯光的表现。

引导问题 2：结合生活体验及前期所学内容，分析饮品店的设计特点。

酒吧空间设计案例

任务四 知识准备

知识拓展

"宣泄情感的圣地"——酒吧空间设计氛围营造

"建筑，包括其所有在内的实用性，绝对是一门艺术。" —— Antonio Sant' Elia

酒吧的氛围是指酒吧的环境带给顾客的某种强烈感觉的精神表现和景象。酒吧的氛围应包括四大部分：一是酒吧的结构设计与装饰；二是酒吧的色彩和灯光；三是酒吧的音乐；四是酒吧的服务活动。酒吧氛围的营造是酒吧吸引目标市场的有效手段，既要考虑消费者的共性，又要考虑目标客人的个性。针对目标市场特点来进行氛围设计，在设计氛围营造上主要呈现科技特征（图 2-4-2）和艺术特征（图 2-4-3）。

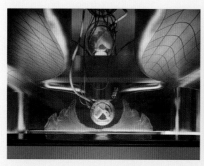

图 2-4-2 酒吧设计中的科技特征和未来主义设计理念

酒吧空间氛围营造

图 2-4-3 酒吧设计中的艺术装置与氛围营造

1. 科技特征

酒吧借助酒这一媒介，在一定程度上起到模糊现实与虚幻的作用，为契合年轻人的生活方式，在设计风格上呈现明显的未来性。一方面是通过灯光变化和组合营造科技氛围；另一方面则是通过各种互动式装置让顾客体验更加新颖独特的娱乐氛围。

2. 艺术特征

为吸引消费者，奠定酒吧基调，在酒吧室内空间营造过程中，通常会在门厅、中庭等节点引入部分艺术装置。在家具与装饰设计上也会彰显艺术感与个性化特征，为顾客提供更好的体验。

一、酒吧经营定位

（一）服务人群定位

作为一个外来文化的产物，中国的酒吧是全球化与本土化杂糅特征最为典型的消费地之一。具体来说，酒吧一般聚集在城市的市中心区位，依托周边商业中心，邻近外国人集聚区，位于风景优美地段且接近高级住宅区；酒吧消费者主要以年轻人、中产阶层和高学历者为主；作为一个非正式交流场所，酒吧是人们休闲娱乐、寻求身份认同和社会区隔、建构社会资本的场所。与西方的酒吧作为一种非常普遍的且与蓝领文化紧密相连的公共消费场所不同，我国的酒吧很大程度上是具有中产阶层倾向的高消费场所。

（二）酒吧空间设计定位

现代酒吧身为当下娱乐前沿型交流互动的社交场所，在设计上应层次分明，既有交流的开敞处，又有尊重私密的隐秘角落，宜动宜静，音乐轻松浪漫，色彩浓郁深沉，灯光设计偏于幽暗（图 2-4-4）。在具体功能分区上，可将其分为动态与静态两个空间范围，动态则以吧台及舞台为中心，作为消费者处于酒吧空间内部的主要活动范围，顾客可根据喜好对座位进行选择。一部分年轻态消费群体喜爱音乐与调酒，这类消费者则会选择距离吧台或舞台较近的位置进行消费体验，以便近距离跟调酒师与舞台上的表演者产生互动，且方便酒吧内部的一切消费行为，其中包含人与人、人与物、人与事等多方面互动群体产生关联与互动社交行为。

图 2-4-4　开敞与私密相结合的酒吧室内设计

二、酒吧室内功能分区

酒吧多数在夜间经营，适合上班族下班后来此饮酒消遣，以及私密性较强的会友和商务会谈。它追求轻松，具有个性和隐秘性的气氛。酒吧在功能分区上主要有门厅设计、内部空间设计、吧台区设计、餐桌区设计、后勤区与卫生间的设计 6 个区域（图 2-4-5）。

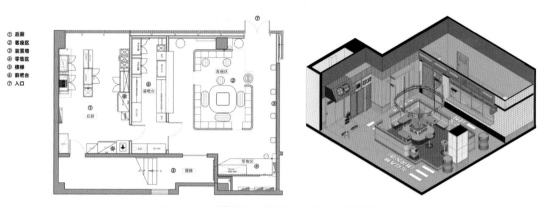

① 后厨
② 客座区
③ 装置场
④ 零售区
⑤ 楼梯
⑥ 前吧台
⑦ 入口

图 2-4-5 某酒吧室内平面布置图与轴测图

（一）门厅设计

门厅是交通枢纽中心，让顾客对酒吧产生先入为主的印象。规范的入口门厅从主入口就开始延伸，在入口处配有吧台、接待台和展示台等功能（图 2-4-6）。同时，门厅具备宣传作用，在外观上应与主题定位相关。门厅一般具有交通、服务和休息功能，它是顾客产生第一印象的重要空间，既是多功能的共享空间，也是酒吧格调的塑造场所。

图 2-4-6 酒吧门厅设计

（二）内部空间设计

在酒吧室内设计因素中，必须针对酒吧经营的特点、经营意图及目标定位的特点来进行设计。如针对高档次、高消费的客人而设计的高雅型酒吧，其空间设计可采用宽敞及高耸的空间（图 2-4-7）。座位设计以宽敞为原则，服务面积除以座位数衡量人均占有空间。高雅、豪华型酒吧的人均占有面积可达 2.6 平方米；而针对以寻求刺激、发泄、兴奋为目的的客人而设计的刺激、娱乐型酒吧，其空间设计和布置则更为随意，重点在于舞池位置及尺寸规划，并将其列为空间布置的重点因素（图 2-4-8）。针对谈话、聚会、幽会为主的温情型酒吧而言，其空间设计就可采取圆形或弧形等元素，同时体现以舒适自由的空间布局为设计原则，天棚低矮、人均占有空间可较小一些，但要使每个单独桌台有相对隔离感，椅背可以设计得高一些（图 2-4-9）。

图 2-4-7　高档餐酒吧室内设计

图 2-4-8　弹性舞池设计提升了参与者的体验感

图 2-4-9　温情型酒吧设计

（三）吧台区设计

吧台作为酒吧空间的设计中心，在选材上可以使用大理石、花岗石、木材等，从造型上可采取一字形、半圆形、方形等半围合造型，酒吧的吧台作为使其区别于其他餐饮空间的重要特征，在设计中要因地制宜，既起到良好的视觉效应，又方便服务顾客（图 2-4-10）。

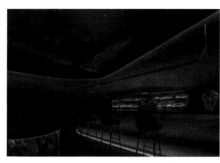

图 2-4-10　吧台区半围合设计

三、餐饮空间中的色彩

色彩在任何空间设计中都是尤为重要的，在餐饮空间设计中也不例外。餐饮空间色彩的冷与暖、华丽与质朴，距离感、重量感、尺度感等，对酒吧空间的档次、特色等有暗示和彰显作用。在人体的各种感觉中，视觉是最主要的感觉，而色彩往往起到唤起人第一视觉的作用，色彩能产生引起人的联想和情感的效果。好的设计应创造出富有性格、层次和美感的色彩环境。色彩的功能具体体现在两个方面：一是生理功能；二是心理功能。

> **知识拓展**
>
> ### 色彩心理学
>
> 从色彩心理学的内容来看，其涵盖的范围比较广，会涉及心理学、美学等多个学科的内容，主要是研究色彩直观视觉对人体心理的影响作用，而且在一切视觉活动中，不单只有肢体动作可以直接对人体的心理产生影响，色彩同样也可以对人体心理产生比较直接的影响。大多数情况下，人们总是习惯性地将色彩划分为冷色调系列、暖色调系列，而这通常是因为人们视觉受到冷色调、暖色调不同色彩影响而出现的一种物理性反应情况。另外，色彩也可以对人体心理产生间接反应，也就是色彩具有一定的联想性，会让人联想到相关事物，如很多人在看到红色的时候会联想到血，看到绿色的时候会联想到草地。
>
>
>
> 视频：色彩心理学

（一）色彩设计

黄、红、橙等颜色给人一种温暖和明亮的感觉，常常令人联想到火和阳光；青、湖蓝等颜色给人一种寒冷和遥远的感觉，常常令人联想到大海、江、河、湖等（图 2-4-11）；翠绿、深绿、草绿、浅绿、淡绿等颜色，令人联想到田野、森林、草地、麦浪，给人一种凉爽的感觉。这就是色彩的冷暖感的象征意义。在商业空间中，设计师常利用色彩的冷暖设计来调节气氛，如在酒吧等娱乐空间中，可以运用大量的暖色调来烘托热烈、欢快的气氛（图 2-4-12）。

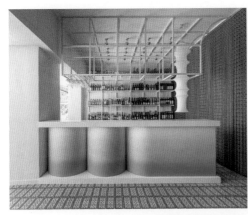

图 2-4-11　酒吧颜色与室外环境相融

图 2-4-12　酒吧内的暖色调营造热烈、欢乐的氛围

1. 基于功能的色彩设计

不同功能空间的色彩运用，需要通过考虑具体的功能和主题来进行分析，实现餐饮空间的不同设计，一般而言，餐饮空间的中庭、散席厅等广泛使用明亮的装饰和暖色的照明，雅座包房等因为需要可能采用暗淡的暖色或紫红色的局部照明，利用灯带、地灯或壁灯来营造特色空间。

2. 基于空间整体氛围的色彩设计

不同色彩给人的感觉不同，相同色相不同明度的色彩给人的感觉不同，冷暖色彩给人的感觉也不同。因此，需要通过色彩来调节空间的变化，改善空间的性质和空间环境，如空间的大小、空间的氛围，喜庆、神秘、新颖或某种主题精神（图 2-4-13）。

图 2-4-13　金属与木质两种材质及其色彩赋予空间中的人纯粹与安逸之感

3. 基于人的需求、地域文化和民族精神的色彩设计

色彩在空间中的运用需要注重人的需要，餐饮空间的色彩运用要给人以美的享受。因此，在利用色彩时，要充分注意色彩的对比、搭配、协调与统一的关系。色彩促进了空间、造型、形态、大小、比例上的变化、节奏和对比，共同满足人的感官、生理和精神的需求（图2-4-14）。不同的民族和地域，因为生活习惯的养成和地域性、历史性文脉的形成，促使餐饮空间表现为不同地域和民族的区别，因此，色彩规律的运用不能成为僵硬的教条。由于不同年龄的人，生活的时代、历史的烙印及文化教育的差异等，促进了对于不同餐饮空间色彩的不同喜好，针对不同的消费人群应选择不同的色彩搭配（图2-4-15、图2-4-16）。

图 2-4-14 以"云"作为门店母题，使客人自由在云间穿行

图 2-4-15 空间中的"中国红"

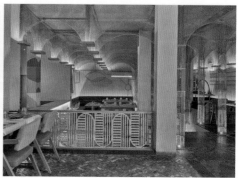

图 2-4-16 餐厅色彩与民族文化

（二）色彩设计与材料选用的关系

在现实的餐饮空间中，色彩从来无法抽象而绝对地出现，它一定是附着在某种材质上呈现在人们的眼前（图2-4-17）。材质的不同不仅仅在于其花纹肌理，也不仅仅在于其千差万别的触觉感受。

图 2-4-17　冷色金属材质与上色油彩的木质形成鲜明对比

材料质感是材料本身的特殊属性与人为加工方式共同表现在表面的感觉。材料质感包括粗犷与细腻、粗糙与光滑、温暖与寒冷、华丽与朴素、浑厚与柔软、刚劲与柔和、干爽与滑润、圆钝与尖锐、透明与不透明。例如，金属、玻璃、石材、镜面和水等物质导热性好，给人以冰冷的质感；各种织物、毛皮则被人们认为是暖质材质；木材的特点比较中性，它比金属、玻璃等暖，比织物等使人感觉冷。由于色彩分冷暖，因此冷质材料呈现冷色，人们觉得很自然，为此色彩与触觉达到一致。在餐饮空间设计中，较多地选择给人较冷感觉的大理石材质，但是在材料的色彩上选择了偏暖的米黄色，加上石材特有的性质，随着时间的推移，材质的颜色会加深。这样就可形成互补，冲淡石材的冷，达到一种平衡。餐馆的内部形象和给人的感觉如何，很大程度上取决于装饰材料的使用，若能准确把握材料特性，巧妙运用，就能创造完美的空间。任何一种材料都具有与众不同的特殊质感，自然材料质感悬殊，而人工材料相形之下则显得单调呆板，但可用技术处理弥补（图2-4-18）。餐饮空间设计成功不在于选用高贵材料，而在于合理选用材料，平凡的材质同样可创造出优雅的意境。

用体现民族形式和自然风格的材料（木材、石材、竹藤等）可表达朴素无华的传统气息及自然情调，用人工材料（玻璃、铝合金、不锈钢等）可反映明快的时代风格或同时运用两种材料在质感对比中和谐共生。

图 2-4-18　空间中材料的质感与色彩

四、餐饮空间照明设计

随着人们物质生活水平的不断提高，传统意义上的就餐环境已不能满足人们的需求，大批新型餐厅、酒吧开始进入人们的视线。新型就餐空间和传统餐饮空间在设计上的不同之处在于其除满足人们就餐的基本需求外，还将文化概念引入其中，而照明设计是达到这一目的的重要因素。餐饮空间照明的作用大致表现为三个方面：一是让就餐者看清餐品，同时让餐品看起来更加诱人；二是为就餐者营造舒适的就餐氛围；三是利用灯光塑造人物面部表情，增加就餐者之间的情感交流。

（一）餐饮空间照明的方式

餐厅的光源来自自然采光和人工照明两个方面。自然采光主要是指日光与天空漫射光，人工照明包括各种各样的电源灯。

1. 自然采光

自然光不仅节能资源、没有污染，而且适合于人的眼睛，其本身的变化也使环境更加丰富多彩，让人产生愉悦的感觉。对日光的控制可以通过玻璃、窗帘及家具的设置来实现。

（1）玻璃。中空玻璃由两层或三层玻璃组合而成，层与层之间抽成真空。它具有保温、隔热、隔声的作用（图2-4-19）。

图2-4-19 餐厅自然光源与室内空间形成的光影关系

（2）窗帘。在室内设计中，窗帘和遮光帘常常结合起来使用，不仅具有强烈的装饰作用，同时也能控制阳光，调节光线（图2-4-20）。

（3）家具的布置。正确地布置家具能更有效地发挥日光的作用。目前，人们越来越注重与大自然的亲密接触，一些餐馆在如何最大限度地引进自然光线方面做了很多努力。例如，一些位于风景区的餐馆，采用大面积的落地玻璃和天窗，既可以让在此用餐的顾客欣赏窗外的美景，又引入了自然光线，可谓一举两得（图2-4-21）。

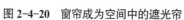

图2-4-20 窗帘成为空间中的遮光帘　　　图2-4-21 落地窗引入自然光能观赏室外风景

2. 人工照明

人工照明是通过各种灯具照亮室内空间，有强光、弱光、冷色光、暖色光、可调节照度和光色的照明等。餐饮空间照明主要采用一般照明、混合照明及局部照明三种方式。

（1）一般照明是对餐厅室内整体进行照明（图2-4-22），不考虑局部照明，使就餐环境和餐桌的照度大致均匀的照明方式。这是风格简洁、顾客群相对大众化的餐厅经常采用的照明方式。

（2）混合照明即由照度均匀的一般照明和针对就餐面的局部照明所组合而成的照明方式。这种照明方式层次感强，并形成一个只属于该桌客人的光照空间（图2-4-23、图2-4-24）。

图2-4-22　餐酒吧中的整体照明　　　　图2-4-23　灯光设计强化了
空间的独立性

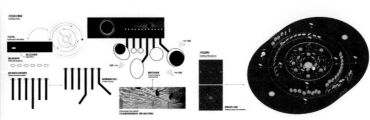

图2-4-24　酒吧混合照明及天花设计概念

（3）局部照明是一种为了强调特定的目标而采用的照明方式。酒吧中照明可仅用于桌面和陈列展示部分，通过局部的重点照明将人们的视线吸引到有文化氛围和体现情调之处，从而形成视觉的趣味中心，以创造酒吧的自身个性（图2-4-25、图2-4-26）。

图2-4-25　吧台区域的局部照明　　　　图2-4-26　桌面上方的局部照明

（二）餐饮空间照明的应用

1. 餐饮空间的照度和亮度

在餐饮空间中，照明必须达到足够的照度，才能使餐品显现出诱人的外观，以满足就餐的基本要求。国际照明委员会《室内工作场所照明》（CIE S 008/E—2001）中建议，餐桌面照度以 200 勒克斯为宜。我国《建筑照明设计准》（GB/T 50034—2024）中则规定餐厅 0.75 米水平面处照度不可低于 200 勒克斯，西餐厅不可低于 100 勒克斯。餐饮空间各位置的照度标准见表 2-4-1。

表 2-4-1　餐饮空间各位置的照度标准　　　　　　　　　　　勒克斯

1 000~800	500	200	100
菜样陈列橱	集会厅	入口大厅	走廊
展示陈列区	饭桌	就餐室	楼梯
表演区	管理处	厨房	
	收银台	洗漱室	
	存物台	厕所	

餐饮空间中环境照明同其他环境照明一样，要根据环境的特点及气氛的营造来进行设计（图 2-4-27），但一般情况下，背景照明、环境照明和一般照明的照度应低于餐桌上的照度，并且在设计安装灯具时尽量将光源遮挡，减少眩光现象的发生，以免使就餐者产生不舒适的感觉。背景照明的灯具可以藏在天花板内或直接装在天花板上，照度控制在 100 勒克斯左右，而餐桌上照明的照度要达到 300 ～ 750 勒克斯，形成区域重点照明，与四周的局部照明一起创造出亲切、私密的气氛（图 2-4-28、图 2-4-29）。就餐饮空间的照明设计来说，还必须考虑风格特点、就餐方式等多方面因素，以便形成既有针对性又有特色的照明设计方案。

图 2-4-27　餐厅入口接待台照明设计

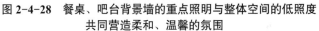

图 2-4-28　餐桌、吧台背景墙的重点照明与整体空间的低照度共同营造柔和、温馨的氛围

图 2-4-29　空间中低照度与柔和的色彩相结合的照明设计

2. 餐饮空间光源光色和显色性的确定

科学家在专题实验研究中发现，人进入一个空间后，最初几秒钟内得到的印象 75% 来自色彩，而色彩来源于光照，有了光才会有色。因此，为了设计光色，首先要选择好光源。光源的色表及显色性对于形成良好的环境氛围及提升环境的功能具有决定性的意义（图 2-4-30、图 2-4-31）。目前在照明应用领域里，通常用色温来描述光源的色表，用显色指数 Ra 值反映光源显色的好坏（表 2-4-2）。

图 2-4-30　黄色光源营造的空间氛围

图 2-4-31　红色光源营造的空间氛围

表 2-4-2　光源光色的感觉

色表分组	相关色温 / 开	光色的感觉	色表特征
1	＜ 3 300	暖和（带红的白色）	暖
2	3 300~5 300	中间（白色）	中间
3	＞ 5 300	阴凉（带青的白色）	冷

对于餐饮空间的光环境来说，低照度时应采用低色温光源，随着照度变高，光源的光色为白色光则最恰当。如果在照度水平高的环境中选用低色温光源，就会产生闷热的感觉；而在低照度的环境中，采用高色温的光源，则会产生阴沉的气氛（表 2-4-3）。为了更好地展示饭菜和饮料的颜色，应选用色指数高的光源。在餐厅内部，为创造舒适的环境气氛，选择白炽灯作为照明光源多于荧光灯，但在陈列部分采用显色性较好的日光灯比较合适。

表 2-4-3　餐饮业使用的各种光源的色温和显色指数

种别	灯的名称	型式	色温 / 开	平均显色指数 /Ra
白炽灯	一般照明用灯泡	LW100V100W	2 850	100
	聚束灯泡	CRF100 100	2 870	100
	卤化物灯泡	JL100 100	2 900	100
荧光灯	白光	FL40S.W	4 200	64
	日光灯	FL40S.D	6 500	77
	温白色	FL40S.WW-A	3 500	65
	白炽灯泡色	FL40S.WW-SF	3 200	65
	高表色型	FL40S.W-DL-X	5 000	92

续表

种别	灯的名称	型式	色温 / 开	平均显色指数 /Ra
汞灯	透明型	H400	5 800	23
	荧光型	HF400X	4 100	44
金属卤化物灯	高表色型	D400	5 000	92
	扩散型	MF400	5 000	65
高压钠灯	扩散型	NH400F	2 100	28

在餐饮空间的照明设计中，无论照度的高低，大多选用低色温光源。暖黄色的灯光可以创造舒适而温馨的就餐环境，在采用混合照明方式的餐厅里，可将高色温的一般照明和低色温的局部照明搭配使用。当然，低色温的光源的使用也不是绝对的，根据人们对光源光色的感觉，色温在2 000 ~ 3 000 开的光源都是可以选择的。不同风格的餐厅应依照经营策略精心选择合适的光源光色。通常，大众消费型餐厅采用 4 000 开的光源是较为合适的，装修高档的餐厅及特色餐厅应该使用低色温照明（图 2-4-32、图 2-4-33），而快餐厅和中低档餐厅可以使用中低色温照明，也就是以白光为主略带黄色的光，符合此种就餐环境干净、便利、快速的特点。除此之外，光源色调的照明效果对于营造如热烈、安静、高雅、轻松、华丽等各种各样且需要感受才可名状的餐饮空间氛围至关重要（图 2-4-34、图 2-4-35）。各种光源色调的照明效果见表 2-4-4。由于餐饮场所也是人们沟通交流的空间，所以通过照明让人的面部表情得以恰当且充分显现是照明设计中所必须予以关注的。因此，一般照明和局部照明要选用显色指数高的光源（显色指数在 80 Ra 以上），当餐厅档次较高时，往往要求显色指数在 90 Ra 以上。

图 2-4-32　低色温照明设计

图 2-4-33　低色温下的就餐环境

图 2-4-34　烧烤小酒馆的照明设计　　　　　　　图 2-4-35　酒吧小包间的局部照明烘托空间高雅、宁静氛围

表 2-4-4　光源色调的照明效果

光源色调	照明效果
黄白色光	热烈、活泼、愉快
白色光	明亮、开朗、大方
绿、蓝色光	宁静、优雅、安全
红色光	庄严、危险、禁止
粉红色光	镇静

3. 餐饮空间光源的选用

一般照明宜选用小功率低色温紧凑型荧光灯、低压卤钨灯和 PAR 灯等，光源显色指数不应低于 85，建议选用带灯罩的直接配光型灯具，减少不必要的空间亮度，同时也可节省能源。若选用高显色直管荧光灯或大功率的紧凑型荧光灯，应安装在不使光源直接外露的装修或带罩灯具内。设于装饰华丽的厅堂内的吊灯建议将光源外露，以较小的光源功率换取辉煌明亮的效果，并兼顾对建筑装饰的照明（图 2-4-36）。楼梯间、各主要通道的照明应选用可瞬时点燃的光源，以便在灾害发生时保证疏散通道的畅通。用于疏散指示的标志灯应配备蓄电池组作为备用应急电源。当灾害发生时即便是供电线路受到破坏，仍可持续一段时间（一般不少于 30 分钟）的指示作用。

图 2-4-36　华丽厅堂与宴会厅的照明设计

4. 餐饮空间艺术性照明的设计

艺术性照明是指运用灯光来创造美妙心理效应的艺术氛围。艺术性照明设计应主要考虑艺术主题的表现和视觉舒适性（图 2-4-37）。灯光的照度应随环境及意境的变化而变化，它需要注重周围

空间环境所产生的美学效果及由此对人们产生的心理效应，使空间环境更符合人们的心理平衡。应对光色、介质颜色、灯具色彩、背景色彩、空间色彩加以研究并令其符合人的审美习惯。在餐饮空间中，艺术照明多应用于西餐厅、酒吧等（图2-4-38）。艺术照明中所表现的艺术效果是通过照明技术来实现的，如图2-4-39所示，是以营造未来科技感为主的酒吧空间，通过照明及色彩的变换，加强空间艺术氛围，也表现了空间个性且随性的风格。

图 2-4-37　酒吧空间中灯光的艺术化处理

图 2-4-38　灯光结合墙面装饰画进行设计，强化空间氛围

图 2-4-39　空间中的艺术照明

以酒吧照明设计为例，灯光始终是调节气氛的关键，光线系统能够决定酒吧的格调。不同性质的环境需要不同的光线设计，以适应人在不同环境中的行为特点及心理需求。酒吧环境中的光经过

设计者的精心构思，技术性结合艺术性，并融合光的实用功能、美学功能及精神功能为一体，可使酒吧环境更好地适应人们的行为和心理需求（图2-4-40）。在演艺型酒吧的舞台上时常会被追光灯闪打着，因为这里是舞台的中心，是消费者的视觉中心，明亮的舞台灯光会为消费者带来愉悦的精神享受（图2-4-41）。这里的灯光忌讳让人琢磨不透、概念模糊、或强或暗、意义不明。对于一般型酒吧而言，追光灯的使用或根据音乐节奏或根据区域分配而定。无论是什么功能特性的酒吧环境，灯光的色彩都要与大环境相匹配，室内色彩与灯光传递要一致，这样才会营造特别的酒吧体验环境。

图2-4-40　红蓝两色强对比营造视觉冲击和空间律动

图2-4-41　灯光设计以凸显核心吧台区域为目的

任务五　项目实施

设计提示：根据酒吧的经营定位及业主实际需求，在维持建筑原有结构的基础上，合理规划室内功能分区。充分结合主要消费群体喜好、营业特色等确定空间家具布置、色彩及灯光设计，充分营造个性化的餐饮娱乐空间氛围（表2-4-5）。

表 2-4-5　建议功能区

区域		功能	设计要点
公共区域	主入口	吸引与接待顾客	过渡室内外空间，奠定空间基调
	前台区	服务、收银	可与备餐区结合，缩短服务时间
	卫生间	基础设施	参考《饮食建筑设计标准》（JGJ 64—2017）确定蹲位数量及布置形式
	歌舞台	提供多元化的服务	面积应满足不同表演形式，有明显的区域划分
用餐区域	散座区	满足多样化消费选择	在满足最大化的座位数的同时，彰显空间的秩序与美感，尽可能给予视觉更多的体验与互动
	吧台区		
	卡座区		
	储物间	基础设施	与空间动线相结合，避免服务人员动线与顾客动线产生冲突
	厨房区		

注：可根据实际需要添加、删减或合并于同一空间

酒吧室内设计案例

其他饮品店设计案例

● **实训任务书示例**

<h1 style="text-align:center">酒吧空间设计项目实训任务书</h1>

一、实训目的

（1）能够独立完成酒吧室内设计。

（2）能够合理规划室内功能区及动线组织。

（3）能够选择合适的装饰材料实现设计意向。

（4）能够合理设计室内色彩与照明，营造独特的空间氛围。

（5）能够制作有一定视觉表现力的效果图。

二、实训内容

（1）设计内容：独立完成休闲酒吧室内设计。

（2）设计背景：本项目位于一条繁华且充满活力的商业街区，客户群体以青年男女为主，他们享受更为多样化、新颖的体验。本次设计的重点在于打造一个吸引更多关注、让顾客留下深刻的印象、成为整条街区中最具特色的娱乐休闲空间。设计尽可能体现信息化、数字化、时代性，满足人们在工作之余，让身心得到放松的需求。空间概况参照平面图及基本空间模型（图 2-4-42、图 2-4-43），北面为主入口，层高为 4.2 米，外门高为 2.4 米。

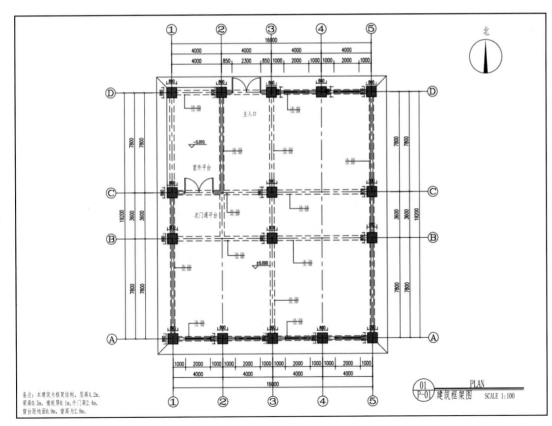

图 2-4-42　建筑框架图

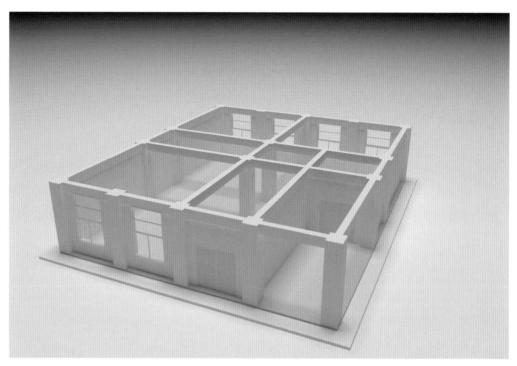

图 2-4-43　基本空间模型示意

三、实训课时建议

实训课时建议见表 2-4-6。

表 2-4-6　实训课时建议

	实训模块	主要内容	建议课时
模块一	专业基础及手绘构思设计方案	（1）手绘室内平面布局草图； （2）以手绘＋文字的形式画出酒吧内的 10 个主要元素单体； （3）选择 3 个元素单体，组成一幅装饰画并编写 100 字以上设计说明； （4）将元素单体运用在室内家具设计中并附创意推导过程	3 学时
模块二	效果图、施工图绘制	（1）CAD 绘制平面图、顶面图各 1 张； （2）CAD 绘制构造节点图 3 个； （3）编写室内灯具清单（5 个品种以上，含规格）； （4）根据设计方案完成重点角度室内效果图 2 张	5 学时
模块三	总结与方案展示	（1）编写 300 字以上设计总说明（包括设计构思、色彩表现、灯光设计、创新亮点等）； （2）将前期内容全部汇总于统一文本中并排版	2 学时

四、实训要求

实训要求见表 2-4-7。

表 2-4-7 实训要求

职业功能	项目实施内容	技能要求	相关知识要求
概念设计	规划空间平面布局	1. 以手绘草图方式表达空间概念设计; 2. 能对局部空间进行动线梳理与平面布置; 3. 能手绘整体平面图与空间设计方案图	1. 室内空间功能知识和动线规划; 2. 手绘草图表现方法
	空间特征定位	能根据酒吧空间特性提取概念性设计语言,明确空间定位,并自主完善设计构思	元素推演方法
方案设计	方案表现	1. 能用数字化设计软件自主绘制效果图、施工图; 2. 能根据施工工艺、构造与材料特征自主绘制主要材料的构造大样	1. 计算机辅助设计软件; 2. 人体工程学中人与家具及室内空间的尺度知识; 3. 装修材料数据参数与构造的施工工艺
	色彩及装饰陈设搭配	能根据方案效果自主搭配适合的陈设品	室内陈设品搭配要点
	编制室内灯具清单	1. 能自主编制主要灯具清单; 2. 合理选择装修材料	室内装饰工程造价知识
方案展示	编制设计成果文本	能自主编制方案设计文本,条理分明,思路清晰	计算机图形图像编辑排版软件

五、工作任务评价与总结

(一)评价反馈

介绍任务的完成过程,展示前应准备阐述材料,并完成评价表。

(1)自我评价:针对方案,结合任务书评价标准、职业技能等级要求进行自评。认真思考不足,总结经验和方法(表 2-4-8)。

表 2-4-8 学生自评表

评价内容	评价标准				
	A 90~100分	B 80~90分	C 70~80分	D 60~70分	E 0~60分
理论知识(40%)					
实践技能(60%)					
不 足					

(2)展示互评:展示所有方案并进行 5 分钟阐释,由班级同学进行互评(表 2-4-9)。

表 2-4-9　学生互评表

评价内容	评价标准				
	A 90~100 分	B 80~90 分	C 70~80 分	D 60~70 分	E 0~60 分
室内功能区规划是否合理（20%）					
室内空间色彩搭配是否突出空间特色（30%）					
室内照明设计是否合理且突出空间功能属性（30%）					
效果图综合表现（10%）					
制图是否规范（10%）					

（3）师生综合评价：将前两项评分填入表格，并完善表格其他内容（表 2-4-10）。

表 2-4-10　师生综合评价表

个人评分	生生互评	专任教师评分	企业教师评分
教师意见或建议			

注：该表格中各项内容分值占比，各教师可依据实际情况设定，相加后获得该项目的综合得分。

（二）总结提升

针对学生互评和教师评价，总结本次项目设计的成果和不足。

单元测验

项目五 | 主题餐饮空间室内设计

学习目标

知识目标

1. 掌握餐饮空间主题的调研、确立、分析和构思方法；

2. 掌握塑造餐饮品牌文化的方法及设计转化；

3. 掌握依据业主及行业的要求，以及融入设计师的理念进行设计的方法。

能力目标

1. 能够独立完成主题餐饮空间室内设计；

2. 能够进行餐饮空间主题元素的提取与转化设计；

3. 能够运用软件准确绘制全套施工图及效果图。

素质目标

1. 培养自主探究的学习能力，提高从发现问题到解决实际问题的能力；

2. 培养遵守职业规范和职业道德的信念；

3. 培养主动挖掘传统文化元素并进行创造性转化运用的能力。

任务一　项目导入

一、背景分析

主题餐厅是通过一系列围绕一个或多个历史或其他的主题为吸引标志，向顾客提供饮食所需的基本场所。它的最大特点是赋予一般餐厅某种主题，围绕既定的主题来营造餐厅的经营气氛：餐厅内所有的产品、服务、色彩、造型及活动都为主题服务，使主题成为顾客容易识别餐厅的特征和产生消费行为的刺激物。

当人们在餐厅、酒店进餐的时候，一定会被餐饮空间具体的家具陈设或服务员的穿着打扮和服务形式所吸引，对于其中的环境感到非常满意，甚至流连忘返，产生深刻的印象。这个印象来自店面设计，餐饮空间的陈设、景观、收银台，服务员的服装、服务的行为规范和菜肴的特色等产生的综合印象，这就是文化，也是餐饮空间的主题。

二、项目概况

该项目为坐落于某市繁华商业综合体内的一家主题餐饮空间。整个空间经营江浙菜，主题为"江南风光，尽揽眼下"。空间内部包含服务区、等待区、就餐区、微景观休闲区等多元化共享空间，体现江南特色文化底蕴，主题鲜明，个性突出，西面为主入口，层高6.0米，外门高2.4米（图2-5-1、图2-5-2）。

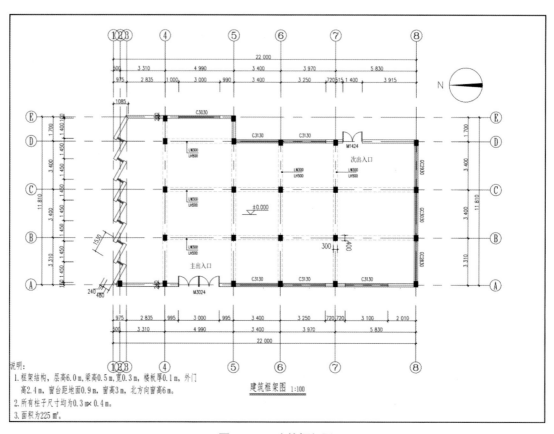

图 2-5-1　建筑框架图

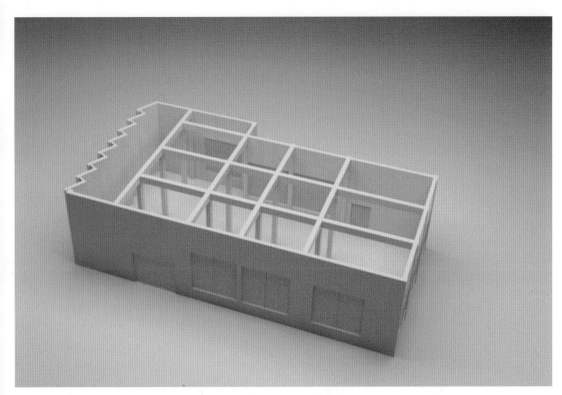

图 2-5-2　基本空间模型示意

三、设计内容

（1）调研分析报告。

（2）手绘构思设计方案（功能分析图、平面布局草图、元素创意推导图）。

（3）方案图、施工图、效果图。

（4）主材清单。

（5）总设计说明。

（6）方案综合展示。

四、设计要求

（1）方案须满足现行国家规范标准和行业标准等。

（2）空间布局合理，设施齐备，能够满足营业要求。

（3）充分利用建筑物的空间，创造最大的利润。

（4）依据主营产品及业主需求等确定主题内容，有一定创意设计，文化性强，突出个性化设计。

（5）体现可持续发展的设计理念，注意应用适宜的新材料和新技术。

（6）鼓励通过设计实现室内环境中人与空间界面的互动关系。

（7）符合节能、环保、经济的绿色设计理念。

任务二　设计准备

一、项目调研

项目调研阶段工作构架图如图 2-5-3 所示。

图 2-5-3　项目调研阶段工作构架图

参考"理论基础二　餐饮空间设计程序及方法"小结内容。

二、资料收集

（1）收集国内外主题餐饮空间的设计方案并进行设计分析。

（2）收集空间各界面设计的特色案例，尝试概括其界面设计特点与主题的呼应关系（可用抽象图形手绘）。

（3）收集空间软装饰设计（家具、窗帘、工艺品、灯具等），分析这些配饰如何与主题呼应。

任务三　知识导入

引导问题 1：扫描二维码，观察主题餐饮空间案例 5 秒，尝试不看图片说出让你印象深刻的设计元素（提示：从表现形式即物质材料、风格、色彩、造型等方面进行分析）。

引导问题 2：主题餐饮空间设计的"主题"如何确立、调研、分析和思考？如何通过物质的载体和方法实现主题性设计？

主题餐饮空间案例

空间中的点线面体

任务四　知识准备

一、餐饮空间主题确立

主题的确立，首先要了解市场，其次要了解消费者的情感需求，最后要了解经营的餐饮产品及其特点。这样才能做到心中有数，才会有目标，设计出来的餐饮空间才会有市场，通过经营管理，才会有生命力、艺术感染力和独特的魅力（图 2-5-4 至图 2-5-6）。

图 2-5-4　以卡通形象为门面设计元素的亲子主题餐饮空间　　　图 2-5-5　亲子主题餐饮空间内部设计

图 2-5-6　将中国乡土社会生活里的"编作"手工艺运用于空间设计

　　餐饮企业依赖特定的人群去生存和发展，因此，餐饮企业必须以人为本。餐饮空间主题设计需要把握"人"这个主题，围绕"人"来设计好各具特色的餐饮文化空间。餐饮空间是一个人的活动场地，空间设计要把人的情感放到首位，注重人的精神需求，适应时代的进步，满足人的文化精神的寄托，餐饮空间贵在新颖、独特与个性。对于餐饮空间的设计构思，设计师不能孤芳自赏，一味强调自己的设计思想，不管市场的需要，不顾消费者的需求，导致设计施工出来的餐饮空间不能正常运营。因此，餐饮空间的设计必须考虑到消费者的承受能力和心理需求，为消费者提供经济上和心理上能够满意的餐饮文化主题空间。

　　餐饮主题空间的设计需要满足经济性的原则，需要考虑投资方投资的合理性及投资的回报，能否收回投资，避免盲目投资，合理规避风险。餐饮主题空间还需要考虑当地的民风民俗，不能造成设计的文化与当地的文化产生冲突。同时，要考虑到当地的地理气候和环境等因素，适应当地的经济发展、社会环境和地理环境，如充分利用当地的材料、景观资源等形成主题设计风格。

二、餐饮主题的创意构思

　　餐饮主题的确立，需要明确市场细分与定位，才能真正做到落实和确立主题的创意构思。前期工作已经做了初步的市场调研，对于市场、消费者和餐饮产品的特点有了综合的分析与结论，下一步应该对主题的创意构思进行具体市场定位，也就是确立主题的创意构思。要确立主题的创意构思，就要进行考察和分析：准确了解主题的文化内涵，在众多的餐饮文化中确定所要设计的主题餐饮空间属于什么类型的文化产品，表现为以下几个方面。

（一）以民俗为主题的餐饮空间

还原或接近此种民俗产生的空间场景，提炼出该民俗中的文化精髓，反映深刻的文化内涵。该民俗当地的服装服饰、生活物品、民族歌舞，具有当地地域特点的植物、风景、建筑等，体现一个系列完整的民俗主题的强烈印象，让消费者身临其境，如在异国他乡。

（二）以历史人物题材等为主题的餐饮空间

需要体现当时的历史场景，人物的衣着、建筑样式、装饰、陈设、家具等符合历史。重点点缀历史人物雕塑、浮雕，以及文学、传记中的描述场景，还原历史，餐饮中的部分产品也可以沿用当时历史时代或历史人物或文学故事中出现的餐饮产品，体现主题特色。甚至于服务员等的着装也应迎合当时古装或符合历史时代的古装，从而渲染烘托出一个具有强烈主题的餐饮空间氛围。

（三）以怀旧或复古为主题的餐饮空间

体现现代人们思念过去的主题，如人民公社食堂、上山下乡会所等体现一定的怀旧和吸引旅游等相关的餐饮主题，或者其他的人群需要的餐饮生活情趣。总之需要调研，通过还原相关的时代场景建筑、室内空间装饰、当时的生活用品或文化现象、使用的餐具、享用的餐饮产品等营造一个怀旧或复古的主题餐饮。重点是提炼和重塑，还原旧时生活场景，将其浓缩于餐饮空间之中。

知识拓展

设计元素推导

设计师是如何将"需求"变为"方案"，并保证设计独特性的？其核心在于主题概念元素的提取，即在方案设计中反复出现，跟项目紧密结合、具有独特性的设计单元。

提取设计概念元素的流程可概括为：①前期调研、收集资料；②地域分析、项目分析；③头脑风暴、关键词引导；④意向图收集；⑤提取概念元素。

设计案例

三、主题餐饮空间表现手法

主题餐饮空间设计强调空间中文化内涵的表达，这就需要采用不同的空间表现手法以突出主题性。成功的设计作品应该是内容与形式的统一，也是思想性和艺术性的高度统一。设计主题越鲜明、越生动，表现手法的艺术形式越完美并富于创造性，艺术感染力就越强。

（一）抽象表现手法

抽象表现手法是通过单纯的线和面进行组合，强调功能、结构和形式的完美结合。材料和技术达到高度的结合，产生材料的肌理美。抽象表现手法体现的是一种简洁、明快和清新的感觉。将其他装饰语言过滤掉，留给消费者幻想的空间，同时得到了一种装饰语言的纯净。抽象语言表现形式，需要对生活提炼、推敲，去繁就简，去伪存真，达到艺术的升华（图2-5-7）。

图 2-5-7 抽象元素在空间中的应用

（二）具象表现手法

具象表现手法的装饰效果很直观，一目了然，通过真实的道具，让人亲身体验进入场所的真实，体现餐饮空间的真实和艺术。可以表现某种真实的故事情节，可以表现某一特定的场景、一个生活或历史的片段等，其特点是直观、准确、形象、真实和深入，如某火锅餐厅将热辣的火锅搬到列车上，整个餐厅就是一列开进公园里的复古绿皮列车，整个室内的装饰布局都遵照火车的构造开展，如图 2-5-8 和图 2-5-9 所示。

图 2-5-8 餐厅外部环境及视觉形象设计

图 2-5-9 高度还原列车环境的"火车"主题的餐饮空间

（三）夸张表现手法

夸张表现手法营造一种视觉的冲击，设计上强调装饰的复杂性和矛盾性，避免简单化、模式化，崇尚隐喻和象征的意义。它提倡多元化和多样性，在造型设计中大量吸收其他学科的理论与实践，体现一种与现实生活的错位、扭曲、矛盾、断裂、肢解等表现手法，可以是片段的复制与夸张，目的是令人产生震撼和动荡的复杂感受。

（四）象征的表现手法

象征的表现手法运用艺术或约定俗成的比喻或象征手法，借助人们丰富的想象和联想，形成主题性的空间氛围。例如，利用和平鸽图案象征和平、玫瑰花象征浪漫和爱情、巧克力象征甜蜜和爱情、绿色植物象征环保理念等。

（五）幻觉表现手法

幻觉表现手法通过时空错位和创造联想，形成童话般、科幻般或蒙太奇般的空间色彩效果，运用不同时代的造型同时同地呈现，利用灯光的变化和视听背景的变化产生迷幻、优美和超脱的精神世界感受（图 2-5-10）。如图 2-5-11 所示，酒吧前厅用棱角分明的设计元素，流线型的光源线条，整个设计注重传达太空科技感、未来感的设计理念，进入空间犹如遨游宇宙的太空舱。

图 2-5-10　通过灯光与色彩，渲染空间的迷幻氛围，形成特色主题

图 2-5-11　通过光影，强化空间的"未来科技"主题

（六）其他表现手法

其他的表现手法主要运用形式美学法则，进行餐饮空间的主题营造；主要遵循统一与变化、均衡与稳定、对比与微差（协调）、比例与尺度、主从与重点、节奏与韵律、连续与渐变、起伏与交错等形式规律进行主题餐饮空间的氛围设计。具体是利用餐饮空间中的物质元素、灯具、家具、陈设、装饰的材料、空间构架柱、门等进行的形式上的变化。主题餐饮空间营造除形式美的法则运用、艺术手法的应用外，在手法上，还可以从餐饮空间物质形成的具体方法上进行，即界面设计，包括墙面、天花板和地板的设计。

四、餐饮空间创意基本要素

（一）点要素

点是在空间位置上相对最小的体量。在不同的空间位置中，点的形成是相对的，一个独立的体量处在大于自己空间的位置中就形成点。点有各种各样的形象，空间中的点也不一定都是圆的，形态各异，可以分为抽象形体和具象形体。抽象形体如球体、立方体、柱体、锥体、复合形体和不规则的形体；具象形态包括自然界万物都可以成为其所在空间中相对的点，如天空中的一只鸟、沙漠中行走的一个人、黑板上的一个粉笔痕迹等。就餐饮空间设计而言，不同形状的点代表不同的风格及不同的造型语言，并且在空间中起到不可替代的作用。单独的点具有强烈的聚焦作用，可以成为室内的中心；对称排列的点给人以均衡感；连续重复的点给人以节奏感和韵律感；不规则排列的点则给人以方向感和方位感。点在空间中无处不在，一盏灯、一盘花或一张沙发，都可以看作一个点。点既可以是一件工艺品，宁静地摆放在室内（图 2-5-12）；也可以是闪烁的烛光，给室内带来韵律和动感。点可以增加空间层次，活跃室内气氛（图 2-5-13）。

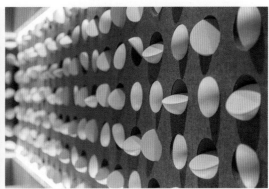

图 2-5-12　空间顶部使用餐盘　　　　图 2-5-13　餐厅墙面上"跃动"的"点"
装饰，成为空间中的"点"

（二）线要素

线是在空间位置上相对较窄的体量。线条本身具有非常丰富的形态个性。线是点移动的轨迹，点与点连接形成线。线具有生长性、动感性和方向性。线具有长短、宽窄和曲直之分。在室内空间环境中，凡长度方向较宽度方向大得多的构件都可以被视为线，如室内的梁、柱、管道等（图 2-5-14）。不同的直线、弧线、任意曲线等线形，在空间位置中以相对大的面积为依托，形成刚直、挺拔、饱满、自由等特征。直线具有男性的特征，刚直挺拔，力度感较强。

图 2-5-14　空间中的"线"

（1）直线分为水平线、垂直线和斜线（图 2-5-15）。

①水平线使人感觉宁静和轻松，给人以稳定、舒缓、安静、平和的感觉，其可以使空间更加开阔，在层高偏高的空间中通过水平线可以造成空间降低的感觉。

②垂直线能表现一种与重力相均衡的状态，给人以向上、崇高和坚韧的感觉，使空间的伸展感增强，在低矮的空间中使用垂直线，可以造成空间增高的感觉。

③斜线具有较强的方向性和强烈的动感特征，使空间产生速度感和上升感。

图 2-5-15　"直线"在新中式风格餐厅中的运用

（2）曲线具有女性的特征，表现出一种由侧向力引起的弯曲动感，显得柔软丰满、轻松优雅。曲线分为几何曲线和自由曲线。

①几何曲线：包括圆、椭圆和抛物线等规则型曲线，具有均衡、秩序和规整的特点。

②自由曲线：是一种不规则的曲线，包括波浪线、螺旋线和水纹线等，它极富于变化和动感，具有自由、随意和优美的特点。在室内空间设计中，经常用曲线来体现轻松、自由的空间效果（图 2-5-16）。

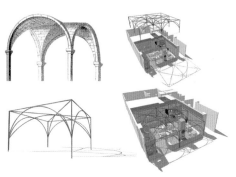

图 2-5-16　由古建筑结构简化后形成的空间中的"线"

（三）面要素

线的并列形成面，面可以看成是由一条线移动展开而形成的，直线展开形成平面，曲线展开形成曲面。面有长度和宽度，但没有深度，所以说面是二维的。面在空间位置上占有一定的面积，当一个体的深度较浅时，也可以将它看成是面。因此，面也可以看作是三维的，面具有相对性。面可以分为规则的面和不规则的面。

（1）规则的面包括对称的面、重复的面和渐变的面等，具有和谐、规整和有秩序等特点。

（2）不规则的面包括对比的面、自由性的面和偶然性的面等，具有变化、生动和有趣味等特点（图2-5-17至图2-5-19）。

图 2-5-17　装饰材料中若干线条汇集形成空间中的"面"

图 2-5-18　顶部和纸制作而成的云朵结构

图 2-5-19　空间中块面分割，形成各种不规则的几何块面

（四）体要素

一个面沿着非自身方向延伸就变成了体。从概念上讲，一个体具有长度、宽度和深度3个量度。在形态构成中，体可以看成是点的角点、线的边界、面的界面所共同构成的。形态中各种体的要素除实体、虚体外，由于视觉上的感受不同，又会形成点化体、线化体和面化体3种形态。

体有尺度、比例、量感、凹凸和虚实感等几个方面的特点，体的造型具有显示建筑的整体轮廓和气势的作用。建筑中的面限定着体量与空间的三度容量。每个面的特征，如尺寸、形状、色彩、质感，还有面与面之间的空间关系，最终决定了这个面限定的形式所具有的视觉特征，以及这些面所围合体的空间质量（图2-5-20）。

总之，空间是由诸多元素构成的，其中点、线、面、体是组成空间的基本元素，它们之间需要相互联结、相互渗透才能构成和谐、美观的空间形式。

图 2-5-20　空间中的"体"

五、餐饮空间 VI 设计

VI 即视觉识别。VI 是指以标志、标准字、标准色为核心展开的完整的、系统的视觉表达体系。VI 设计是指将上述餐饮企业理念、企业文化、服务内容、企业规范等抽象概念转换为具体符号，塑造出独特的餐饮环境形象。在 VI 设计中，餐饮商业视觉识别设计最具传播力和感染力，最容易被公众接受，具有重要意义。

VI 系统包括以下内容：

（1）基本要素系统：企业名称、企业标志、企业造型、标准字、标准色、象征图案、宣传口号等（图 2-5-21）。

（2）应用系统：产品造型、办公用品、餐饮环境、交通工具、服装服饰、广告媒体、招牌、包装系统、礼品、陈列展示及印刷出版物等。近年来，中国的餐饮业发展特别迅速。因其受众范围广，可覆盖性强，容易建立品牌的特性，吸引了越来越多的人进入这个市场。随着餐饮市场的发展，未来餐饮的竞争将不只是单一的菜品、服务、环境等方面的竞争，而更多是餐饮企业综合实力的较量，即品牌的竞争，因此，品牌销售力的塑造就成为餐饮企业赢得市场发展的关键（图 2-5-22）。

图 2-5-21　餐饮空间 VI 设计

图 2-5-22　餐厅入口设计突出品牌色彩与标志

知识拓展

餐饮空间是如何做 VI 设计的？

餐饮行业与人们的生活息息相关，随着人们的需求不断提高，餐饮行业的竞争也越发激烈。在这种情况下，部分餐饮企业通过采用餐饮 VI 设计来提升行业的附加值。定位—元素推演—设计运用，元素是理念可视化的重要环节。主题餐饮空间元素的提取是 VI 设计的一部分。

餐饮空间 VI 设计案例

任务五　项目实施

设计提示： 根据经营定位规划功能分区与布置。在不改变原有建筑结构的基础上，突出设计风格，强调"主题性"，加深受众对品牌的视觉记忆。结合品牌文化及经营理念等深入挖掘代表性设计元素，并转化应用于整个空间界面装饰，使整个方案设计除满足基本功能外能够彰显一定的审美和文化意境，体现对细节的装饰（表 2-5-1）。

表 2-5-1　建议功能区

区域		功能	设计要点
前厅	公共区域	出入口、等候休息、接待	考虑人流疏散、提供配套个性化服务
	用餐区域	桌席、包间、表演	功能复合化、空间形态多样化、表现形式多元化
	配套区域	卫生间、寄存、通道	依据《饮食建筑设计标准》（JGJ 64—2017）
	服务区域	收银台、服务台	—
后勤	后厨区域	食品制作、存放、消洗	空间布局应合理紧凑
	办公区域	经营管理	—
	员工服务	更衣、休息	—

注：可根据实际需要添加、删减或合并于同一空间

主题餐饮空间案例

● **实训任务书示例**

主题餐饮空间设计项目实训任务书

一、实训目的

（1）能够进行空间主题的创意构思，充分挖掘传统文化元素并进行设计转化。

（2）能够将抽象元素在空间界面中进行灵活运用。

（3）能够合理布局餐饮空间功能分区，合理设计餐饮空间室内动线。

（4）掌握餐饮的精神取向和文化品位、经营等方面的定位方法。

（5）掌握依据客户及行业的要求，融入设计师的理念进行设计的方法。

（6）掌握规范绘制工程施工图的方法。

（7）灵活运用理论知识完成设计创意的综合能力。

二、实训内容

茶馆室内设计案例

（1）设计内容："东方禅意"为主题的茶饮空间设计。

（2）设计背景：坐落于某商业空间的主体建筑内，茶饮空间以"东方禅意"为主题，体现中国源远流长的茶文化及风雅、文学、禅意的意境。主题鲜明，个性突出，包含贵宾室、大厅、雅座、包厢等功能空间，体现中华优秀传统文化的内涵底蕴。空间概况请参照平面图及基本空间模型，西面为主入口，层高 6.5 米，外门高 2.4 米（图 2-5-23、图 2-5-24）。

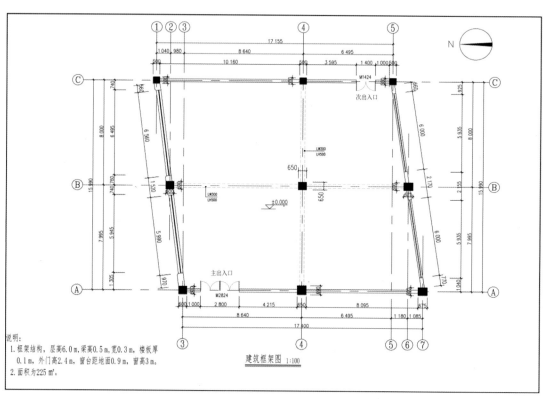

图 2-5-23　建筑框架图

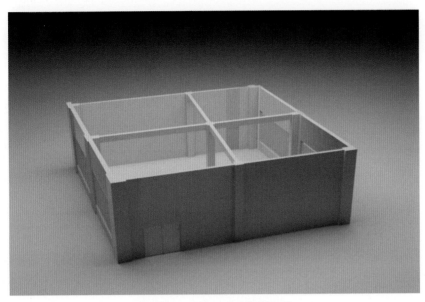

图 2-5-24　基本空间模型示意

三、实训课时建议

实训课时建议见表 2-5-2。

表 2-5-2　实训课时建议

实训模块		主要内容	建议课时
模块一	专业基础及手绘构思设计方案	（1）手绘室内平面布局草图 1 张； （2）手绘体现主题的装饰贴图 1 张，附构思创意过程草图； （3）手绘主题装饰元素草图 1 张，并编写 100 字以上设计说明； （4）手绘体现主题元素的彩色界面草图 1 张，附创意推导过程	4 学时
模块二	效果图、施工图绘制	（1）CAD 绘制平面图、顶面图各 1 张； （2）CAD 绘制构造节点图 3 个； （3）编写主材清单（10 个品种以上，含规格）； （4）根据设计方案完成重点角度室内效果图 1 张	6 学时
模块三	课程汇报与展示	（1）编写 500 字以上设计总说明（包括设计依据、主题表现、设计构思、创新亮点等）； （2）将前期任务全部汇总于统一的展板中	4 学时

四、实训要求

实训要求见表 2-5-3。

表 2-5-3　实训要求

职业功能	项目实施内容	技能要求	相关知识要求
概念设计	规划空间平面布局	1. 以手绘草图方式表达空间概念设计； 2. 能对局部空间进行动线梳理与平面布置； 3. 能手绘整体平面图与空间设计方案图	1. 室内空间功能知识和动线规划； 2.《饮食建筑设计标准》（JGJ 64—2017）
	主题装饰元素推演	能根据概念设计成果和理念，延展设计元素，并自主完善设计构思	元素提取与应用
	编制设计说明	能自主整合概念设计阶段性成果，形成设计说明文本	1. 设计理论知识储备； 2. 常用办公软件使用方法
方案设计	方案表现	1.能用数字化设计软件自主绘制效果图、施工图； 2.能根据施工工艺、构造与材料特征自主绘制主要材料的构造大样	1. 计算机辅助设计软件； 2. 人体工程学中人与家具及室内空间的尺度知识； 3. 装修材料数据参数与构造的施工工艺
	主材及产品搭配	1. 能根据方案效果自主选择适合、环保的主要材料； 2. 能根据方案效果自主搭配适合的家具和配饰产品	1.《民用建筑绿色设计规范》（JGJ/T 229—2010）； 2.《定制家具 通用设计规范》（GB/T 39016—2020）
	编制主材清单	1. 能自主编制主要材料清单； 2. 合理选择装修材料	1. 室内装饰工程造价知识； 2. 装饰材料特性、价格、渠道信息
方案展示	编制设计成果及汇报文本	1. 能自主编制方案设计成果汇报文本，做到条理分明、思路清晰； 2. 能自主安排记录成果汇报	1.计算机图像图形编辑排版软件； 2. 客户需求与项目相关业态知识

主题餐饮空间设计文本
参考

五、工作任务评价与总结

（一）评价反馈

介绍任务的完成过程，展示前应准备阐述材料，并完成评价表。

（1）自我评价：针对方案，结合任务书评价标准、职业技能等级要求进行自评。认真思考不足，总结经验和方法（表 2-5-4）。

表 2-5-4　学生自评表

评价内容	评价标准				
	A 90~100 分	B 80~90 分	C 70~80 分	D 60~70 分	E 0~60 分
理论知识（40%）					
实践技能（60%）					
不　足					

（2）展示互评：展示所有方案并进行 5 分钟阐释，由班级同学进行互评（表 2-5-5）。

表 2-5-5　学生互评表

评价内容	评价标准				
	A 90~100 分	B 80~90 分	C 70~80 分	D 60~70 分	E 0~60 分
室内功能区规划是否合理（20%）					
主题元素提取与设计转化运用 （25%）					
空间整体设计与经营定位等是否 契合（25%）					
效果图综合表现（10%）					
制图是否规范（10%）					
装饰材料的运用是否合理（10%）					

（3）师生综合评价：将前两项评分填入表格，并完善表格其他内容（表 2-5-6）。

表 2-5-6　师生综合评价表

个人评分	生生互评	专任教师评分	企业教师评分
教师意见或建议			

注：该表格中各项内容分值占比，各教师可依据实际情况设定，相加后获得该项目的综合得分。

（二）总结提升

针对学生互评和教师评价，总结本次实训还可以进一步优化改进之处。

单元测验

参 考 文 献

［1］张绮曼，潘吾华. 室内设计资料集［M］. 北京：中国建筑工业出版社，1999.

［2］梁旻，胡筱蕾. 室内设计原理［M］. 上海：上海人民美术出版社，2010.

［3］来增祥，陆震纬. 室内设计原理教程［M］. 北京：中国建筑工业出版社，2006.

［4］陈易. 室内设计原理［M］. 北京：中国建筑工业出版社，2006.

［5］宋超然. 酒吧设计文化的艺术研究［D］. 北京：北京印刷学院，2017.

［6］卢雪超. 酒吧空间色彩设计研究［D］. 大连：大连工业大学，2013.

［7］董慧. 酒吧文化与设计的研究［D］. 南京：南京林业大学，2008.

［8］郑曙阳. 公共空间设计［M］. 乌鲁木齐：新疆科学技术出版社，2006.

［9］郑曙阳，宋立民，李风崧，等. 环境艺术设计与表现技法［M］. 武汉：湖北美术出版社，
2002.

［10］毕秀梅. 室内设计原理［M］. 北京：中国水利水电出版社，2009.

［11］《建筑设计资料集》编委会. 建筑设计资料集5［M］. 2版. 北京：中国建筑工业出版社，
1994.

［12］［美］艾利克斯·休斯. 创意餐饮空间设计［M］. 凤凰空间，译. 南京：江苏科学技术出版社，
2014.

［13］李茂虎. 公共室内空间设计［M］. 上海：上海交通大学出版社，2014.

［14］马欣凡. 环境艺术照明设计［M］. 长沙：中南大学出版社，2009.

［15］［日］日本建筑学会. 光和色的环境设计［M］. 刘南山，李铁楠，译. 北京：机械工业出版社，
2006.

［16］田鲁. 光环境设计［M］. 长沙：湖南大学出版社，2006.

［17］孔键，黄韓，丁敏，等. 现代室内光环境设计［M］. 上海：同济大学出版社，2010.

［18］李建华，于鹏. 室内照明设计［M］. 北京：中国建筑工业出版社，2010.

［19］北京照明学会照明设计专业委员会. 照明设计手册［M］. 2版. 北京：中国电力出版社，
2006.

［20］张丽丽，吴展齐. 餐饮空间设计［M］. 2版. 南京：南京大学出版社，2015.

［21］李振煜，赵文瑾. 餐饮空间设计［M］. 2版. 北京：北京大学出版社，2019.

［22］易俊，彭敏，余维君，等. 公共空间设计［M］. 武汉：武汉出版社，2014.

［23］严康. 餐饮空间设计［M］. 北京：中国青年出版社，2015.

［24］漂亮家居编辑部. 图解餐饮空间设计［M］. 武汉：华中科技大学出版社，2018.

［25］［英］詹姆斯·霍姆斯－西德尔，塞尔温·戈德史密斯. 无障碍设计：建筑设计师和建
筑经理手册［M］. 孙鹤，译. 大连：大连理工大学出版社，2002.

［26］胡正凡，林玉莲. 环境心理学［M］. 3版. 北京：中国建筑工业出版社，2012.

［27］程大锦. 建筑：形式、空间和秩序［M］. 3版. 刘丛红，译. 天津：天津大学出版社，
2008.

［28］"最设计丛书"编委会. 餐饮空间设计案例精选［M］. 北京：化学工业出版社，2019.

［29］区伟勤.简单思考：室内设计师快速设计试题及解析［M］.北京：中国建筑工业出版社，2013.

［30］窦芳."岗课赛证"融通的职业教育新形态教材开发逻辑与路径［J］.中国职业技术教育，2022（26）：65-71.

［31］燕珊珊.岗课赛证融通的高技能人才培养的功能价值、实现机制与推进路径［J］.教育与职业，2022（10）：34-41.

［32］黄燕华，刘子曦.酒吧消费中的女性气质协商与道德困境［J］.中国青年研究，2021（11）：63，64-72.

［33］戴文雅，叶方.研究色彩心理学在 UI 界面设计中的应用［J］.设计，2021，34（16）：96-98.

［34］马捷.快餐厅中的人机工程学［J］.现代装饰（理论），2012（11）：128.

［35］柯欣欣.快餐家具设计要素探析［J］.家具与室内装饰，2011（6）：26-27.

［36］曾迪来.现代酒吧设计探析［J］.家具与室内装饰，2008（7）：30-31.

［37］杨加玮.地域文化在主题餐饮空间设计中的应用［J］.食品安全质量检测学报，2023，14（5）：339-340.

［38］曹磊，石宇琳.沉浸式体验餐饮空间设计研究［J］.家具与室内装饰，2021（12）：117-121.

［39］室内设计联盟 https://www.cool-de.com/portal.php

［40］站酷网 https://www.zcool.com.cn/

［41］谷德设计网 https://www.gooood.cn/

［42］知末网 https://www.znzmo.com/

［43］筑龙学社 https://www.zhulong.com/

［44］拓者设计吧 https://www.tuozhe8.com/

［45］觅知网 https://www.51miz.com/

［46］视觉同盟 http://www.visionunion.com/

［47］SOHO 设计区 https://www.sohodd.com/

［48］慕斯设计素材

［49］深圳 908 设计 http://www.908sheji.com

［50］花瓣网 https://huaban.com